PHILOLOGIE

DE

LA FLORE SCIENTIFIQUE ET POPULAIRE

DE NORMANDIE ET D'ANGLETERRE

PHILOLOGIE

DE

LA FLORE

SCIENTIFIQUE ET POPULAIRE

DE NORMANDIE ET D'ANGLETERRE

PAR

M. Edouard LE HÉRICHER

COUTANCES

IMPRIMERIE DE SALETTES, LIBRAIRE-ÉDITEUR.

INTRODUCTION

L'étymologie offre trois côtés remarquables, le côté philosophique, le côté poétique et le côté historique.

Elle est presque toujours une définition, parce que l'expression qu'elle éclaire et analyse a été faite en vue d'une caractéristique, ou, comme parle l'école, en vue d'une différence spécifique. Selon son nom grec, l'étymologie contient le sens vrai d'un terme ou simple ou composé. Le simple plonge presque toujours par ses racines dans l'onomatopée. Son premier avantage, c'est d'offrir, au moins d'une manière générale, le bénéfice d'une définition. Or une définition est une des opérations les plus difficiles de l'esprit et de la science.

Le côté poétique de l'étymologie, spécialement dans la nomenclature botanique, c'est que les noms des végétaux reposent presque toujours sur une similitude ; sans cesse le nom du végétal, comme la métaphore, frappe coup double, évoque deux idées et établit un rapport de comparaison entre la physionomie de la plante et un objet pris dans l'homme, dans l'animal, dans la vie domestique, C'est là le procédé populaire par excellence ; et, presque toujours, quel a été le rôle de la science dans la nomencla--

ture? simplement de traduire le terme populaire dans une langue savante et synthétique. Les croyances païennes, en faible proportion, les croyances chrétiennes en très grand nombre, se sont déposées dans la nomenclature de végétaux. Quand la plante a cessé d'être un végétal aux yeux du botaniste, comme pour Linné, alors elle est devenue comme un être intelligent, une personne, témoin la manière dont il a envisagé par exemple l'*Atropa belladona*, l'*Andromeda polifolia;* dans ce cas, la botanique devient un poëme.

L'étymologie est encore un puissant moyen mnémotechnique. Or ce procédé est presque indispensable dans cette immense nomenclature de végétaux où une mémoire moderne, qui a tant à retenir, ne peut se guider et se fixer sans ce secours indirect et artificiel. Elle satisfait donc l'invincible curiosité et sert la mémoire en charmant l'esprit.

Ce travail étymologique que nous avons fait pour nous-même, et dans un but de curiosité générale et comme moyen de retenir et de posséder à fond les termes de la *Flore de Normandie*, du livre classique de M. de Brébisson, nous le croyons utile au moins à ce second point de vue et nous l'offrons comme une clef de cette riche nomenclature. Ensuite il y a tant de rapports entre la langue de l'Angleterre et celle de France, que nous avons cru devoir juxtaposer les termes floraux de ces deux pays, qui sont le plus souvent d'une entière ressemblance. Nous y avons joint fréquemment les termes populaires, parce qu'ils sont presque toujours l'origine des termes scientifiques, qu'ils illustrent la Flore de notre province et qu'ils répandent sur elle une foule de significations heureuses ou charmantes.

Si la botanique populaire a beaucoup donné à la science, il faut aussi convenir qu'elle a reçu quelque chose de celle-ci, et on peut même dire que maintenant le mouvement vient d'en haut, que le peuple reçoit plus qu'il ne donne, et qu'à mesure que les sociétés modernes s'organisent, le peuple s'en va comme classe, parce que son infériorité intellectuelle s'affaiblit devant la diffusion de l'argent et de l'instruction directe ou indirecte. Aussi un nombre assez considérable d'expressions botaniques, qui sont dans le domaine du peuple, lui sont venues des savants, parce que leur origitine savante, mythologique, géographique, médicale, ne permet pas de lui en rapporter l'invention.

Quand nous trouvons dans son langage *Sylvie*, pour l'Anémone des Bois, *Chausse-Trappe* pour une Centaurée et une Jacée, *Pied de Griffon* pour l'Ellébore, *Vermiculaire* pour l'Orpin âcre, *Gazon d'Olympe* pour le Statice Armeria, *Ypréaux* pour un peuplier originaire d'Ypres, en Hollande, *Sceau de Notre-Dame*, *Sceau de Salomon*, et maints termes mythologiques, on reconnaît des expressions tombées de haut dans les régions inférieures. L'agronome et le jardinier ont le plus souvent servi de transition. Ne voit-on même pas bien le passage de la science à la popularité dans certains noms, comme le *Crithmum Marilimum* qui devient la *Criste-Marine*, comme le *Ray-Grass* qui devient le *Raigra* ?

La plupart même des noms légendaires, le peuple ne peut les réclamer comme siens, parce que la légende n'est une œuvre populaire qu'à un certain degré. Ce n'est pas une œuvre spontanée : exagération merveilleuse d'une réalité, la légende n'est qu'un développement de l'histoire.

Qu'on nous permette de compléter cet ordre d'idées en citant un passage de notre *Essai sur la Flore populaire de Normandie et d'Angleterre*.

« Quelles que soient les dénominations populaires, vraies ou fausses, dans leur application, exactes ou inexactes dans leurs rapports, elles sortent d'une trop grande masse d'intelligences pour n'être pas légitimes dans leur principe. Elles nous instruisent donc par ce qu'elles sont en soi : elles peuvent nous instruire parce qu'elles ne sont pas fondées sur un principe qui consiste à suprimer tout rapport de ressemblance entre le nom et l'objet nommé ; elles appartiennent à une méthode naturelle ; elles représentent, elles dessinent, elles peignent, elles décrivent le végétal, soit dans sa nature, soit dans sa propriété ou dans sa physionomie. Ce n'est pas le peuple qui exprimerait un genre par une expression sans analogie avec son objet, par un nom propre, par exemple. Il peut se servir du nom propre comme terme spécifique, pour ajouter une idée morale ou religieuse à la description naturelle, mais jamais pour expression générique.

Ce point de vue, s'il était vrai, entraînerait une importante révolution dans la science. La botanique populaire ignore, et la botanique antique a pratiqué avec beaucoup de réserve un procédé dont la botanique moderne a usé jusqu'à l'abus, c'est l'emploi du nom propre dans la dénomination des genres. Aujourd'hui même, c'est presque la source unique. »

La *Flore de Normandie* de Brébisson n'est pas sortie, pour les noms populaires, des limites de la province, ce en quoi on a sagement agi. M. Besnou a pris sa nomenclature vulgaire dans toute la France : était-ce convenable dans une *Flore de la Manche*? quoi qu'il en soit, il a ouvert en cela un riche écrin au poëte et au philosophe. Pour nous, nous avons regardé comme un devoir de suivre l'exemple de Brébisson, en complétant sa trop sobre nomenclature populaire. Si nous avons mis souvent auprès de noms normands les termes anglais, c'est à cause des liens historiques, de la proximité des deux pays et de leur frappante analogie.

PHILOLOGIE

DE

LA FLORE SCIENTIFIQUE

ET POPULAIRE

DE NORMANDIE ET D'ANGLETERRE.

———➤◆◄———

RENONCULACÉES.

Clematis, Clématite, diminutif de κλῆμα, sarment, branche de vigne. Cette ressemblance est le point dominant de sa nomenclature. Son ancien nom était Atragène ; son nom spécial de *vitalba* est la traduction de son nom populaire *aube-vigne*, qui rappelle aube-épine. Ses autres noms vulgaires sont : *Herbe-aux-gueux*, parce qu'avec ses feuilles vésicantes les mendiants se font des ulcères ; *viorne*, de sa ressemblance avec le *viburnum* ; *fausse-vigne* ; *liaune*, pour liane, de ses tiges grimpantes, dont *rignolet* pour lignolet est le diminutif ; *diable-en-haie*, parce qu'elle est inextricable dans les haies ; un mot que les Anglais ont traduit ou rencontré, mais probablement importé par les Normands, *devil in a bush*, le diable dans un buisson. Ils ont pour cette plante la jolie expression de *Traveller's joy*, la joie du voyageur, d'après sa physionomie riante et sa longue durée « de barbe florie; » c'est le même sentiment qui chez les Grecs dénommait la plante en général, εορτη της οψεως, la fête de la vue, un terme plus distingué que celui des Latins, ou du moins d'Horace, *copia narium*, le trésor des narines, que notre langue abstraite ennoblirait par le *trésor* de l'odorat. Les Anglais ont gardé le terme catholique de *Virgin's bower*, le berceau de la Vierge, et ils ont en outre *climber*, litt. le grimpant.

THALICTRUM, le Pigamon, du grec Θαλικτρον, de Θαλλω, verdoyer, d'après le vert foncé de cette plante; son nom français est aussi grec, légèrement altéré, πηγανον, qui désigne la rue, plante également vert sombre; aussi le peuple le nomme *Rue des Prés*, de même les Anglais, *meadow rue*.

ANÉMONE, l'Anémone, du grec ανεμος, vent, litt. la fleur du vent, de la mobilité de ses feuilles; il y a d'autres étymologies, mais celle-ci est la meilleure et c'est celle de Linné dans sa *Philosophie botanique*. Elle est confirmée par son prénom de *pulsatilla*, pulsatille. Pline dit autre chose; mais c'est trop poétique : elle ne s'ouvre jamais qu'au souffle du vent, *nisi spirante vento*, dit-il. Cette gracieuse créature a reçu plusieurs appellations et pour sa gentillesse et parce qu'elle est une des premières fleurs du printemps : *Sylvie*, de son amour des bois; *Fleur de Pâques*, de la date de son apparition, c'est aussi le terme anglais, *Pasque-flower*, ainsi que *anemony;* et un terme moins distingué, *coquelourde*, de sa hampe alourdie par ses carpelles.

ADONIS : selon Matthiole, Adonis fut changé en cette plante, dont le rouge vif rappelle son sang; aussi cette couleur lui vaut le nom de *goutte de sang* et œil de perdrix. Chez les Anglais, œil de faisan, *pheasant's eye* et aussi œil d'oiseau, *bird's eye*. En effet l'adonis est un œil, un œil qui regarde. Cf. d'autres noms pop. *Rougeole* et *Rubissant* (*Rubescens*).

Myosurus, de μυος ουρα, queue de rat, de souris, ce que traduit le fr. ratoncule et l'anglais *mouse-tail*, d'après la forme du réceptacle. Les queues d'animaux jouent un grand rôle en botanique : cf. *myosotis, leonurus, myouros, cynosurus*, etc., les *queues de renard, queues de cheval*, etc.

Ranonculus, Renoncule, litt. petite raine ou grenouille, parce que ces plantes aiment les marécages, d'où le nom vulg. d'une espèce très-commune, la *grenouillette*, tiré de « *ex ranis cohabitantibus,* » dit Linné, en sa *Phil. bot.* Le peuple en France et en Angleterre dénomme les espèces jaunes d'après leur ressemblance avec les vases de cuivre de la ferme ou de la chaumière : bassinets, et *butter-cup*, tasse à beurre, de leur couleur de beurre, deux termes plus ou moins réalistes. Leur nom général est naturellement les *Jaunets*, parce que le peuple emploie toujours le terme le plus large.

La France et l'Angleterre se font la courtoisie de se renvoyer l'honneur de l'espèce à feuilles d'aconit, l'une avec le titre de *bouton d'argent* d'Angleterre, l'autre avec celui de Belles filles de France, *fair maids of France.*

Le *R. lingua* a des feuilles qui affectent la forme d'une languette ; les Anglais y voient celle d'un épieu, d'où *spearwort*. Le nom vulg. normand, *Douve*, vient de ce qu'elle naît dans les douves ou grands fossés inondés, appelés *douves*, une des formes du celt. *dour*, eau, qu'on trouve partout de l'Écosse à l'Espagne, du *door* au *duero, douro*. Le *R. lingua* est aussi l'*herbe de feu*, du jaune vif de sa fleur. Le *R. flammula*, la *flammette*, offre une petite flamme dans ses petites fleurs jaunes, ou selon une autre interprétation, elle brûle la langue par son âcreté ; le même point de vue que pour le *R. acris.* L'espèce *sceleratus* fait plus encore : elle fait venir des ampoules, dit Linné en sa *Phil. bot.* et il ajoute : « *Sceleratus*, par métaphore, au lieu de *vesicarius.* Le botaniste-poète a rempli la langue de Flore de ces termes figurés. Nous avons suivi son exemple, quand, découvrant une espèce nouvelle de *Chrysanthemum leucanthemum*, nous lui avons donné une physionomie humaine en appelant *Ch. pudicum* cette jolie synanthérée qui cache sa gorge sous le couvert de ses feuilles.

Le *R. repens* est le pied ou pas de lion, de sa racine à griffes tenaces, mot reproduit par l'angl. *padelion ;* le *R. bulbosus* est le *pied de poule*, en Berry *piépou ;* le *R. acris* est ou *pied de corbeau*, ou *bouton d'or*, en angl. de même, *crowfoot*, ou bien *bachelor's button*, le bouton du jouvenceau, ou plus poétiquement encore, la coupe du roi, *King's cup.* Dans la Hague, c'est le *pied de bœuf*, qui devient *piébot* et *piépot*, en nous donnant l'étym. du fr. piébot.

En Angleterre, le *R. auricomus* est les boucles d'or, la chevelure d'or, *goldylocks.* Le *R. philonotis* est l'ami des mares (νοτις); le *R. arvensis* a été libéralement baptisé : la *patte-d'oie*, la *chausse-trape*, de ses carpelles hérissées, le *bec de corbin* (corbeau), d'après son style long et droit, la *brûlante*, de son âcreté. Besnou (*Flore de la Manche*) ajoute *Embrouille.*

Ficaria, la Ficaire, qui guérissait du fic, tumeur indolente semblable à une figue ; on l'appelait aussi *herbe aux hémorrhoïdes*, pour une raison semblable, mais c'était d'après l'idée préconçue de sa vertu, due à la forme des tubercules de sa racine, semblable à des *fics* ou à des hémorrhoïdes, c'est là le fondement de la médecine populaire : ainsi l'hépatique guérissait le foie, parce que ses feuilles ressemblent à cet organe. L'angl. *pile-wort*, herbe aux pilules, fait aussi allusion à la guérison des hémorrhoïdes.

On appelle aussi la ficaire la *petite-chélidoine*. En angl. *chelidonium* et *chelidoine* sont devenus *celandine*; ce mot qui sign. hirondelle est traduit par le terme vulg. de *herbe à l'hirondelle*, identique à l'angl. *swallow wort*. Pourquoi? parce qu'avec son suc, l'hirondelle guérissait la cécité de ses petits, légende qui s'applique aussi à l'épervière. V. Hieracium.

Caltha, le Populage, c.-à-d. la plante qui se plaît dans le voisinage de peupliers, des lieux humides, est un mot corrompu, selon Bauhin, de *calathus*, coupe, calice, ou mieux, selon Linné, de καλαθος, corbeille : sa large et belle fleur explique ces points de vue. Pour les Anglais, c'est le souci des marais, bien nommé, *marsh marigold*, pour eux l'or de Marie; *marigold* désigne spéc. le Souci.

Eranthis veut dire la plante venue à la malheure, *ad malam horam*, dans la mauvaise saison; c'est une plante hibernale, du grec ερρω, arriver mal à propos, sous de mauvais auspices ; plus graphique est l'anglais *winter aconite*, l'aconit d'hiver.

Helleborus, l'Hellébore, un terme dans lequel Linné voit deux éléments grecs qui sign. « nourriture qui resserre, » astringente, se dit vulg. *pied de griffon, pas de corbeau, herbe à la bosse* ou *contrebosse*, c.-à-d. contre l'ulcère, la pustule, le bubon. Cette plante âcre et purgative, usitée dans les sétons, est dite pop. *herbe enragée, herbe à herber, herbe aux bœufs*. L'espèce *viridis* est la *pommelière*, de ce que ses fleurs à sépales arrondis et verts ressemblent à de petites pommes, ou plutôt de ce qu'elle est employée contre la *pommelière*, inflammation des bêtes ovines. L'espèce *niger* est la *rose de Noël*, le *christmas rose* des Anglais.

L'espèce *fetidus*, est dite *herbe du crû* et aussi *herbe au fi* ou fic, comme guérissant cette excroissance.

Isopyrum, litt. semblable au froment, selon Linné.

Nigella, litt. la Petite Noire, de la couleur noire de ses semences, d'après Linné, vulg. *toute-épice* et *cheveux de Vénus*, de ses feuilles à divisions capillaires ; de là aussi l'angl. *fennel flower*, fleur de fenouil. Son air barbu lui vaut le nom d'*herbe du capucin*.

Aquilegia, d'où le fr. Ancolie, du l. *aquila*, aigle, parce que ses fleurs ou nectaires présentent l'apparence du bec ou des serres d'un aigle : aussi s'appelle-t-elle encore Aiglantine ; les Anglais l'appellent *Columbine*, bec ou patte de colombe. Mais l'étymologie qui rend le mieux compte de tout le mot *aquilegia* est *aquam legere*, recueillir l'eau, ce que font ses pétales en cornets. Les noms vulg. sont *cinq-doigts*, de ses cinq cornets, *gants de Notre-Dame, Clochettes, Colombine*

Delphinium, la Dauphinelle, ou *herba S. Othiliæ*, offre la forme d'un dauphin dans le bouton de sa fleur ; elle est dite *consolida* ou cousoude, comme consolidant le corps, *pied d'alouette*, de la forme de ses quatre pétales engaînées dans un éperon, pour les Anglais de même, *Lark-spur*, ou encore *bee lark-spur*, comme recherchée des abeilles ; une variante normande est *gri-d'alouette*, lisez griffe d'alouette.

Aconitum, l'Aconit, du grec ακων, pointe, dard, d'où ακονη, pierre à aiguiser et lieu pierreux près d'Héraclée où il venait en abondance, selon Théophraste (L 9) : en fr. *napel*, de l. *napellus*, petit navet, d'après la racine fusiforme ; vulg. *casque*, en angl. *monk's hood*, capuchon de moine et *wolf-bane*, mort du loup, mais c'est alors l'aconitum *lycoctonum*. Besnou cite *capuchon, capuche*.

ACTÆA, Actée, étym. obscure, selon Linné, mais ce mot pourrait bien être ακταιος, habitant du littoral, comme plante des terrains pierreux, montueux ; c'est l'*herbe S. Christophe*, pop. *Cretofe*, ou la *Christophoriana* des pharmaciens.

BERBÉRIDÉES.

BERBERIS est un mot indien, qui désigne la coquille à perles, que la plante imite par ses baies rouges ; son nom d'épine-vinette vient de ses aiguillons et du v. fr. *vinette*, oseille, parce que ses baies et ses feuilles sont acides. Besnou cite le terme pop., *pisse-vinaigre*.

NYMPHÉACÉES.

NYMPHÆA, c'est la plante des nymphes des eaux; pour les Anglais le *lis d'eau, water-lily ;* pour les Français *chou-d'eau ;* en fr. c'est le nénuphar, terme indien abrégé en *Nuphar*. L'espèce jaune est pop. en anglais *brandy bottle*, pour ses fleurs sentant l'eau-de-vie, ou *brandevin*. Dans l'Avranchin le nénuphar blanc est dit *rose d'eau ;* à Cherbourg c'est le *lis d'eau* et la *rose des marais ;* à Valognes, c'est l'*herbe aux pirottes*, nom vulg. des oies. Les nénuphars ont passé pour antiaphrodisiaques, comme le gattilier, l'*agnus castus*, litt. l'herbe chaste. On a encore appelé les nénuphars *herbes d'enfer*, peut-être parce qu'on les regardait comme hypnotiques ou endormantes.

PAPAVÉRACÉES.

PAPAVER, Pavot : Tournefort tire ce mot d'un terme celtique *papa*, qui signifierait bouillie, parce qu'on mêlait des graines de pavot à la bouillie des enfants : toutefois c'est un mot latin aussi difficile à interpréter que son semblable, *cadaver*. Le terme spécifique *rhœas* est le grec ροιας, écoulement par les yeux. A Bayeux, *papi* désigne le coquelicot ; ce dernier mot qui imite le chant du coq a dû signifier le coq même, or le coquelicot est rouge comme la tête du coq ; c'est ainsi qu'au Sap il se dit coq, tout court ; c'est ainsi qu'à Villedieu, une fleur rouge, le lychnis, fleur de coucou, se nomme *cocolinqueux*. Le celt. *papa* est devenu le breton *pap*.

Le *P. argemone* offre ἀργεμων, la plante qui guérit, d'ἀργεμος, taie, ulcère à l'œil. La graine de pavot a été appelée par les Italiens *oglietto*, litt. huilette, d'où le fr. œillette. Le *papi* normand est voisin de l'angl. *poppy*, pavot, et du breton *pap*, bouillie.

MECONOPSIS, litt. physionomie de pavot, μηκων, tire son nom spéc., *cambrica*, de ce qu'il vient dans les lieux montueux du pays de Galles ou Cambrie, d'où son nom angl. *welsh poppy*, pavot gallois.

GLAUCIUM (γλαυκίον, plante de couleur de vert de mer), *pavot cornu, bec de courlieu* ou courlis ; *horned poppy*, litt. pavot cornu. Dans l'Avranchin coq ou *co*, abrév. de coquelicot.

CHELIDONIUM (Chélidoine), litt. la plante à l'hirondelle, parce qu'on croyait que cet oiseau guérissait avec son suc le mal d'yeux de ses petits, croyance commune aussi à l'épervière (*Hieracium*) : en angl. *Swallow-wort*, même sign., et *celandine*. et à Jersey *Calidène*, formes de chélidoine ; vulg. *herbe aux verrues*. A Jersey on l'appelle encore *herbe aux sorciers*, ainsi que la *Centaurea nigra*. Le chélidoine s'appelle encore *herbe dentaire* et *herbe à l'hirondelle*, d'après son sens étymologique.

FUMARIÉES.

Corydalis, de κορυδαλος, alouette huppée, cochevis (visage de coq), parce que l'éperon ressemble au doigt postérieur de cet oiseau.

Fumaria (Fumeterre), litt. fumée de la terre, parce que, selon Pline, le suc de l'espèce commune produit sur les yeux le même effet que la fumée; fumier de la terre, selon Linné *(Phil. bot.)*, étymologie plus vraisemblable, mais qui supposerait *fimaria*. On l'a appelée fiel de la terre, comme plante amère. En angl. *fumitory*. Besnou cite encore *lait battu* et *pisse-sang*.

CRUCIFÈRES

OU MIEUX CRUCIFORMES.

Raphanus, (ραφανος, rave), en fr. radis, le l. *radix :* on a tiré le terme générique de ραδιως φαινω, parce que les graines lèvent promptement ; le f. ravenelle, qui traduit *raphanistrum*, est le dim. de rave, en normand *Ruce*, de l'onomatopée *erucer*, arracher ; à Valognes *navuche,* à Avranches *naruchiau,* c.-à-d. mauvais navet. Son nom pop. de *Sanve* est une forme du fr. Sénevé, issu du mot suivant.

Sinapis, le gr. σιναπι, d'où le fr. Sénevé, en norm. *Senve,* vulg. *moutarde* (le v. fr. *mustarde,* sirop de *must* ou moût de vin), en angl. *mustard.* Le *S. arvensis* est vulg. le *quélot. quéloque. tieloque* probabl. un dim. de *guède ;* le *S. alba* est vulg. *poivre, moutarde blanche ;* dans la Hague, selon M. Le Jolis, il se dit *Bezars,* étym. inconnue. En angl. *charlock,* dont la finale est le saxon *leck,* poireau.

Brassica (Chou), corrompa, selon Varron, de *præseca*, parce que ses feuilles sont découpées à la base, se dit cependant *bresic* en celt.; Linné suppose l'adj. πρασικη de πρασον, poireau et algue verte. Mais chou est le fr. *C. caulis*, le v. fr. *col* et *chol :* « jo me mespriz, dist-il, comme une feuille de col » (ap. Wace, *Rom. de Rou*). Le dim. était *cholet* et *chelet :* « poireaux, chelets et naveaux ne doibvent rien. » (*Ancien tarif de Bayeux*). Le *B. campestris* est vulg. *colzat*, dim. de *col*. Le chou *cabu* sign. à grosse tête (*caputus*), ainsi que caboche, d'où l'angl. *cabbage*. En Basse-Normandie le *B. asperifolia* se dit *rabette*, litt. petite rave : le *B. rapa* ou gros navet se dit Rabiole. Dans l'Avranchin un excellent navet, *brassica napus*, est dit navet de Pontorson ou de Sarrasin, comme naissant dans les champs de sarrasin, vulg. *naruchiau*, pour le paysan, mauvais navet. Angl. *rape*, navet.

Eruca (Roquette), tire son nom, selon Bauhin, de *rodere*, ronger, à cause de sa saveur âcre et brûlante dont l'action est signalée par ce vers : « Excitat ad venerem tardos eruca maritos, » étymologie peu satisfaisante pour la forme des mots ; le fr. roquette est la plante des rocs, sa station favorite ; en angl. *yellow rocket* et comme consacré à la Vierge, *Dame's violet*.

Hesperis, de εσπερα, soir, parce que c'est le moment où ses fleurs sont le plus odorantes ; son nom de Julienne sign. herbe de St Jules, comme la var. *hortensis* est vulg. *St Jacques* et *l'entecôte* et pour les Anglais *garden rocket*, le roquette des jardins.

Cheiranthus, hybride formé d'ανθος, et de l'arabe *Kheiri*, violette blanche et giroflée, resté dans l'espèce *C. Cheiri :* le fr. giroflée vient de girofle, issu de *caryophyllum* (V. Caryophyllées), vulg. *giroflier* ou *violier jaune*, et *ravenelle ;* à Jersey *violette ;* en angl. *wall flover*, fleur des murs, et *stock*, abrév. de la formule appliquée ci-dessous à la mathiole.

Alliaria, l'Alliaire, ou la plante à odeur d'ail, en angl. *Jack in the hedge*, Jean ou Jacques dans la haie, personnification d'une plante sauvage, et *sauce alone*, sauce en soi seul.

Matthiola, plante dédiée à Matthioli, botaniste de Sienne, commentateur de Dioscoride, né en 1548. En angl. *ten weeks stock*, litt. provision pour dix semaines, terme générique pour le haricot.

Malcomia, nom d'homme : Malcolm, botaniste écossais.

Erysimum (ἐρύσιμον), le vélar, du celt. *velar*, cresson, et *velhard* en basque. et *beler* en Cornouailles ; on l'appelle encore *tortelle*, de sa forme ; en angl. *hedge mustard*, moutarde des haies.

Barbarea, la Barbarée ou herbe Ste-Barbe ; ici, comme presque toujours, le nom populaire est devenu le terme scientifique ; en angl. *yellow rocket*, roquette jaune, et *winter cress*, cresson d'hiver. La *Barbarea præcox*, quelquefois cultivée, est l'*American cress* des Anglais. Besnou cite *rondotte*, du lobe arrondi de la feuille.

Turritis, Tourrette, de ce qu'elle est élevée et droite. (Linné, *Phil. bot.*), comme une tour.

Arabis, Arabette, comme originaire de l'Arabie, dit Linné, mais plus probablement forme altérée d'Alberte, parce qu'elle était l'*herba S. Alberte*, en angl. *wall cress*, cresson des murailles. L'*A. Thaliana*, de Thalius.

Cardamine (καρδαμον, cresson), en angl. *Lady's smock*, chemise de N.-D., et *cuckoo flower*, fleur de coucou. Le *C. pratensis* est la *Pentecô'e* et le cresson élégant. A Cherbourg, la cardamine hérissée est dite *cressonnette*; la *C. hirsuta* est l'*aiguille de la Vierge*. Dans l'Orne, la *C. pratensis* est dite *Vache*, parce qu'elle est blanche par opposition aux *orchis rouge* de son voisinage, qu'on appelle des bœufs.

Dentaria, la Dentaire, de la forme de la racine. (Linné, *Phil. bot.*), mais mieux de ses feuilles incisées-dentées.

Diplotaxis, litt. double rangée, d'après ses graines bisériées; le *D. tenuifolia* est vulg. *roquette*.

Sisymbrium, Sisymbre (σισυμβριον), vulg. *velar*, *herbe au chantre*, comme guérissant de l'enrouement. Le *S. sophia* est la *sagesse* des chirurgiens et le *talictron des boutiques*. Ce mot *velar* est celtique, c'est *veler* en bret., *velhard* en basque, *beler* en cornique. Aj. le fr. tortelle.

Nasturtium, de *nasus torquere*, parce que l'odeur et l'acrimonie de ses semences excitent l'éternuement, en fr. cresson, de *crescere*, de sa croissance rapide. Le cresson alénois, jadis *olenois*, c.-à-d. orléanais, est dit aussi *nasitor* et *herbe au charpentier*.

Lunaria, Lunaire, de sa grande silicule en forme de lune, vulg. *herbe aux lunettes*, en angl. *honesty* : pourquoi? sans doute comme symbole. La *L. biennis* est dite *monnaie du pape*.

Biscutella, Biscutelle, du fruit à double écusson, en angl. *butcher's mustard*, moutarde du boucher.

Alyssum, de α λυσσα, qui préserve de la rage, en angl.

madwort, herbe aux insensés, aux enragés, de même en
fr. vulg. *Herbe aux fous*. Vulg. *corbeille d'or* et *thlaspi
d'or*.

Draba, Drave, de δραϐη, espèce de cresson, en angl.
whitlow grass, litt. herbe au panaris.

Erophila, Erophile, d'Εαρ, printemps, l'amie du printemps, plante très-printanière.

Cochlearia, du l. *cochlea*, coquille, en gr. κοχλος, d'où
cochlear, cuillère, vulg. *herbe aux cuillères*, d'après la
forme des feuilles, à *figura foliorum*, dit Linné; son nom
fr. cranson, à Paris, *cran*, est une forme de cresson. En
angl. *Scurvy grass*, herbe contre le scorbut.

Senebiera, du naturaliste Senebier; le *S. coronopus* est
κορωνοπους, litt. pied de corneille; vulg. *corne de cerf*, mot
assez vrai, surtout appliqué au *S. pinnatifida*, presque inconnu en Normandie, très-commun à Jersey.

Lepidium, de λεπις, écaille, teigne, dont cette plante guérissait; en fr. Passerage, litt. qui fait passer la rage; le *L.
satiuum* est le cresson *alénois*, litt. orléanais, cité dans les
cris de Paris au moyen-âge : « Cresson olenois. » Besnou
cite *puette*, v. fr. puante.

Hutchinsia, genre dédié à Mlle Hutchins, botaniste ir-
landaise.

Thlaspi (Θλασπι, de Θλαω, écraser, utile aux meurtris-
sures, parce que son fruit entrait dans la composition de la
thériaque) en fr. Tabouret, litt. petit tambour, de ses sili-
cules ovales et membraneuses, vulg. *monoyère*, ou en
forme de monnaie, ou *Herbe aux écus;* une espèce est aussi
la *monnaie du pape*.

Teesdalia, de Teesdal, botaniste anglais.

Iberis, Ibéride, la première espèce connue croissait en Ibérie, en angl. *Candy tuft;* vulg. *thlaspi. Candy-tuft* est prob. un nom d'origine, litt. touffe de Candie; en effet une espèce s'appelle Ibéride de Crète.

Capsella, Capselle, litt. petite capsule, de son fruit qui lui vaut le nom de *bourse à pasteur;* les Anglais disent aussi *Shepherd's purse.* Aj. *mallette* en fr. vulg. litt. petite malle.

Isatis (ισαζω, je rends uni ; cosmétique), vulg. *guède* et *vouède*, dans la Hague *vaudre;* en angl. *voad;* autrefois *herba S. Philippi.* Son nom fr. de pastel sign. petite pâte ; petit pain, de ce qu'on en faisait des crayons.

Camelina et Myagrum : le premier est χαμαι λινον, lin terrestre, comme croissant parmi le lin, et l'autre est μυα, mouche, et αγρα, prise, attrape-mouche; à Cherbourg, Cameline devient *Camomine.*

Neslia, Neslie, de Nesle, professeur à Poitiers, mort en 1818.

Cakile, mot arabe employé par Sérapion pour désigner le *bunias* et le *bunium* de Dioscoride, mot attique qui signifie colline, selon Linné; Cakile, mot arabe, signifie aussi colline; on l'a appelé *sinapi maritimum;* à Cherbourg, *roquette de mer;* en angl. c'est le *sea rocket,* roquette de mer. Vulg. *foirelle* de ses propriétés relâchantes, le synonyme de *foirouse* apppliqué à la mercuriale.

Crambe, le gr. κραμβη, chou, vulg. *chou marin : crambe* se rattache à κραμβος, desséché, parce qu'il vient dans des terrains secs, sur les falaises et dans les sables maritimes, en angl. *sea kale*, chou de mer.

CISTINÉES.

DE χιστος, CISTE, EN ANGL. *rock rose.*

HELIANTHEMUM, litt. fleur du soleil, en angl. *sun rose*, même sign. qu'il faut distinguer de l'Helianthus, en fr. soleil et tourne-sol, en angl. *sun flower*. En Allemagne on appelle le *cistus helianthemum*, Fleurette d'Elisabeth (reine de Hongrie) Le terme spéc. *fumana* traduit le fr. feuilles menues. Les hélianthèmes s'appellent encore en angl. *rock roses*, parce qu'ils viennent sur les coteaux pierreux. L'*helianthus tuberosus*, le topinambour, nom de la peuplade du Brésil où on l'a trouvé, est dans l'Avranchin la *topine* : le peuple abrège toujours.

VIOLARIÉES.

VIOLA, Violette, du gr. ιον, ou du l. *via*, la fleur du chemin. La var. *tricolor*, en fr. Pensée, et en angl. *heart's ease*, la joie du cœur. Pensée veut dire que c'est une plante de souvenir, le gage de ceux qui s'aiment et le symbole du cœur mémorieux, par conséquent c'est la plante des tombeaux : A Jersey la violette est dite *coucou*. La *V. riviniana*, commune à Cherbourg, y porte le nom de *Martinets*, selon M. Le Jolis. La pensée est encore dite *herbe à clavelée*, ou maladie des clous (*clavus*).

RÉSÉDACÉES.

RESEDA, de *sedare*, de ce qu'il apaise les douleurs; le *R. luteola* est le *R. gaude*, litt. jaune (en v. fr. *gaune*) ou Vaude ou Vouède, ou *herbe à jaunir*, et aussi *Herbe des Juifs;* en angl. *Weld* (Vouède et *dyer's weed*, la vouède au *teinturier*. Le *R. lutea* est vulg. le *Reseda jaune* et *Reseda maure*. Le *R. odorata* est en angl. un ancien nom fr. *mignonette*.

DROSÉRACÉES.

DROSERA (litt. couvert de rosée, δροσερος), en l. *rossolis*, rosée du soleil, en angl. de même, *sun dew*, en fr. rossol ; en it. *rossoglio* est une liqueur de même signification. Cette rosée, ce sont les glandes transparentes, semblables à des gouttes d'eau, qui surmontent le poil des feuilles, d'où le nom prop. *herbe à la goutte*. Une des droseracées est l'attrape-mouche (*D. muscipula*) et en angl. *Venus fly trap*, l'attrape-mouche de Vénus.

PARNASSIA : l'espèce palustre croît au pied du Parnasse, ce qui a fait dire : « *Quis Musas reperire credat in domicilio ranarum?* »

POLYGALÉES.

POLYGALA, (lait abondant) parce qu'on croyait que cette plante donnait beaucoup de lait aux vaches, vulg. *herbe à lait*, en angl. *milk wort*, plante à lait.

FRANKÉNIACÉES.

FRANKENIA, du botaniste Frankenius, suédois.

CAROPHYLLÉES
(καρυον, noix, φυλλον, feuilles.)
D'OÙ CARIOPHYLLUM, GÉROFLIER, QUI PORTE LE CLOU DE GÉROFLE

DIANTHUS, litt. fleur de Jupiter, en fr. œillet, litt. petit œil ; en angl. *carnation*, de sa couleur carnée. L'espèce *armeria* devient vulg. *armelin* et *ermillet*, en angl. *Deptford pink ;*

la jalousie est le *sweet Williams*; et le petit œillet ponctué est dit *picotée*. Le grec καρυον a donné naissance au fr. garou, étymologie inconnue pour M. Littré.

Gypsophila, litt. ami du gypse, du plâtre; plusieurs espèces croissent sur les murs. Une espèce calcaire est aimée des vaches, d'où son nom de *vaccaria*.

Saponaria, de la vertu des feuilles qui, broyées et mêlées à l'eau, forment une écume comme le savon; de même en angl. *soap wort*; en fr. vulg. *Herbe aux foulons*.

Cucubalus : deux étymologies : κακη βολη, mauvais jet, comme nuisible aux champs (Pline) ou mieux κακη βολη, mauvais coup, blessure, parce que l'espèce connue des anciens était employée contre la morsure des serpents ; *Behen* est la corruption de l'arabe *Behmen*.

Silene, de σελνη, la lune, de la forme globuleuse de la capsule; en fr. Cornillet, des dents de cette capsule, en angl. *catch fly*, gobe-mouche, et aussi *bladder campion*, campanule à vessie. *Otites*, du gr. ους ωτος, oreille, sign. plante à oreillettes. Le *S. cretica*, qui vient dans les champs de lin se nomme *Faux-lin*.

Agrostemma, litt. couronne des champs, en fr. coquelourde, de sa capsule globuleuse, nielle des blés, de ses graines noirâtres (*nigella*), *terrine*, de la forme ventrue des capsules. Le nom spéc. *githago* est le *gith* de Dioscoride (nielle des blés) et la terminaison *ago* exprime ressemblance ainsi que le grec οιδης, comme *liliago, erucago, liliago*. Le *git.* de Pline est une graine noire usitée dans la cuisine. En angl. c'est le *rose campion* litt. compagnon rose et *corn cockle* ou coque du blé.

Lychnis, de λυχνος, lampe ; λυχνις était une plante dont on tirait une mèche pour les lampes. Le *L. dioïca* est dit *compagnon blanc*, parce qu'il est toujours aux côtés des voyageurs ; l'espèce *flos cuculli* est en angl. *ragged robin*, le robin (le paysan), deguenillé. Le *L. sylvestris* est dit *bonhomme*, c.-à-d. le paysan, c'est le sobriquet du paysan français, comme en angl. *robin* désigne un être rustique ; à Valognes *feu sauvage*, de sa couleur rouge-vif. Ce dernier et le blanc s'appellent en Angleterre *red and white campion*, le rouge et le blanc compagnon. A Villedieu, le *L. flos cuculli* est dit *S. Sacrement*, de sa corolle découpée en ostensoir, et *cocolinqueux*, forme de coquelicot, et à Cherbourg, *œil de perdrix*.

Sagina, en l. graisse, engrais, nom donné par Césalpin à une graminée, le *holcus lanatus;* en angl. *pearl wort*, plante-perle, de sa tête arrondie, blanche et verte.

Holosteum, Holostée. litt. tout os, osseux (ὅλον ὅστεον), terme qui s'est dit d'un poisson du Nil et d'un plantain. Mais quel rapport?

Spergula, Spargoute, de la dispersion de ses semences (Linné, *Phil. bot.*), en angl *spurrey*, altération de spérule.

Stellaria, Stellaire, de la figure de ses fleurs étoilées, vulg. *mouron des oiseaux (moure, mouron* sign. noir). *Morgeline*, litt. morsure de la geline ou poule, qui l'affectionne, comme on dit *mors* du diable, et morène, *morsus ranæ*, etc. ; aussi c'est en angl. *chickweed*, herbe des poulets, et encore *stitchwort* parce qu'elle a passé pour guérir le point de côté. Le terme Alsine dérive de αλσος, bois sombre. La *S. holostea* se dit vulg. *taquets*, parce que ses capsules éclatent : elle est consacrée à la Vierge sous les noms de *manchettes* de la Vierge, *collerette* de la Vierge.

Malachium, de μαλαχη (Pline), sorte de mauve, de μαλασσω, amollir.

Cerastium, Ceraiste, du gr. κερας, corne, à cause de la forme dentée de la capsule. En angl. *mouse ear*, oreille de souris.

Arenaria, Sabline, sablière et sablonnière, litt. plante des sables, comme l'angl. *sand wort*. L'*A. Loydii* consacre le nom de Loyd, auteur de la *Flore de l'Ouest de la France*.

Mœnchia, dédié à Mœnch, botaniste allemand.

Halianthus, litt. fleur de la mer. Elatine, type des Elatinées, désigne une plante élevée, dressée (*elata*). A Avranches, *pourpier de mer*: de même en angl. *sea purslane*.

LINÉES.

Linum (λινον, lin), en angl. *flax*, contraction du fr. filasse, le nom du chanvre et du lin dans l'Avranchin; *Radiola* pour *rhodiola* que Linné tire « *roseo odore radicis.* » (*Phil. bot.*)

MALVACÉES.

Malva, le l. *malva*, du gr. μαλασσω, j'amollis, autrefois *herba S. Simeonis*, en angl. *mallow*.

Lavatera, dédiée aux frères Lavater, botanistes suisses.

Althæa, en gr. αλθαια, d'αλθω, guérir, en fr. guimauve, litt. *visca malva*, son nom dans l'ancienne botanique, à cause du mucilage de sa racine; en angl. *marsh mallow*, mauve de marais, et *holly hock* qui représente, selon Skinner, l'anglo-saxon *holly*, grand, et *hoc*, mauve. Le fr. guimauve semble offrir la transposition de mauve-gui, le *malva visca* de l'ancienne *botanique*, mais c'est plutôt *Ibisco-malva*. Aussi les Allemands l'appellent *Ibish*. *Alcea* (Pline) est un mot latin, qui n'est sans doute que le précédent, *Althæa*, le *théta* grec étant prononcé doux comme le *th* anglais.

TILIACÉES.

Tilia, Tilleul, le gr. τιλια, qui désignait le peuplier noir; selon Martinius, τιλια se rattache à τιλαι, ailes, à cause des bractées qui ressemblent à des ailes; le peuple abrège quelquefois tilleul en *til*. En angl. *lime-tree*, litt. arbre à la glu.

HYPÉRICINÉES.

Hypericum (ὑπερικον, que Linné décompose en ὑπερ εικων, image en haut), *fuga dæmonum*, ainsi expliqué par un texte anglais : « *formerly* in high reputation *for drawing away every spirit,* » en fr. millepertuis, à cause des pertuis ou trous des feuilles, vulg. *herbe à mille feuilles;* en angl. *St John's wort,* herbe St-Jean; le millepertuis s'appelle aussi vulg. *herbe des grands bois.* Son nom pop. de *chasse-diable* a été traduit en *fuga dæmonum.*

Androsæmum, de ανδρος αιμα, sang de l'homme, parce que cette plante agit sur le sang; vulg. *toute-saine,* en angl. *man's blood,* sang de l'homme, et *tutsan;* vulg. encore en Normandie *ciparon* et *saparon,* altération du mot souveraine; un de ses noms en Basse-Normandie est *Paren-cœur* et *Parancune,* litt. qui *répare,* remet le cœur, de la bonne odeur de ses feuilles desséchées.

ACÉRINÉES.

Acer, le l. *acer (quod acre et durum sit ejus lignum*

selon les lexicographes, ou plutôt αχρας, prunier sauvage),
en fr. Erable, en lat. *arabile*, parce que son bois dur ser-
vait à faire des charrues. Le nom populaire du platane est
plane, que M. de Brébisson applique spéc. à l'*Acer plata-
noïdes*. A Valognes, l'érable est le *cochène* et *coquesne*, litt.
mauvais chêne (*gau*, mauvais, assez commun en patois normand, est une forme du péjoratif breton *gwal*).

HIPPOCASTANÉES.

Esculus, de son fruit comestible, *esculentus; hippocasta-
num*, litt. châtaigne de cheval, parce qu'on mêlait autrefois le fruit écrasé du marronnier au fourrage des chevaux
attaqués de toux ou de colique, en angl. *horse chestnut*,
même sign.; autrefois *marron* et *crotte de cheval*, de la
forme du fruit. On a appelé le marronnier Quinquina d'Europe.

AMPELIDÉES

(d'αμπελος, vigne).

Vitis, la Vigne, contr. probable de *vinitis*, la mère du
vin.

GERANIACÉES.

Geranium (γερανιον, bec de grue), en fr. bec de grue, en
angl. *Crane's bill*, même sign., autrefois *Herba S. Ruperti*,
d'où herbe à Robert, en angl. *Herb Robert*. A cause du
style persistant, on l'appelle *Epingles à la Vierge;* on
l'appelle encore *Herbe aux chancres* et *Chancrette*, comme
guérissant le mal de gorge, et par conséquent *Herbe à
l'esquinancie*. Le *G. rotundifolium* est dit *Pied de pigeon*,

à cause des points rouges de ses feuilles, mot qui s'applique aussi au *G. columbinum*. Le *G. phæum* est le gr. φαιος, brun.

ERODIUM, de Ἐρωδιος, héron, bec de héron, en angl. *heron's bill*, même sign. et *stork's bill*, bec de cigogne. Le Botryde sign. fleur en grappe, le grec Βοτρυς.

BALSAMINÉES

(de Βαλσαμον, baume).

IMPATIENS, ainsi nommé de l'élasticité du fruit qui éclate quand on y touche, d'où le terme spéc. *Noli me tangere : Herbe de Ste-Catherine*, parce que la roue sur laquelle on appliqua cette martyre vola en éclats, et *Herbe impatiente*. De même en angl. : *Touch me not.*

OXALIDÉES.

OXALIS, Oxalide, d'ὀξυς, acide, vulg. *trèfle aigre, oseille* (d'*acetosella*), *herbe du bœuf, Alleluia* (croît vers Pâques), *pain de coucou* et *pain de crapaud, surelle* (herbe sûre), en angl. *wood sorrel,* surelle des bois.

RUTACÉES.

RUTA (ρυτα, plante, de ρυω, entraîner, de sa vertu emménagogue), en fr. rue, en angl. *rue,* vulg. *herbe de grâce.*

CELASTRINÉES.

(κηλαστρον, genévrier ou chêne vert).

EVONYMUS, litt. l'arbre au beau nom, ἐυ ὀνομα, en fr. fusain, litt. bois à fuseau, comme l'angl. *spindletree; bonnets carrés* et *carribonnets; bonnet de prêtre*, d'après la forme des fruits en *biretum*. Le *Staphyleia pinnata*, vulg. *faux pistachier, nez coupé*, porte un nom grec qui sign. semblable à la vigne, σταφις; son nom pop. et impropre de *baguenaudier* vient de ce que les enfants jouent et baguenaudent avec le fruit. Aussi en angl. c'est *bladder nut*, la noix à la vessie, comme la baguenaude.

ILICINÉES.

Ilex, qui semble être le même que *ulex* (le houx et l'ajonc sont piquants), mot lat. d'où houx (*houls* en v. fr.), en angl. *holly;* le nom spéc. *aquilegium* vient de ce que les feuilles sont luisantes et comme mouillées (*aquam legere*, recueillir l'eau). Les Anglais emploient aussi *whin*, qui est le gallois *chwynn*. litt. mauvaise herbe. Le v. fr. *houls*, houx est *ulex* aspiré, comme haut est *altus* aspiré. Le fr. yeuse est la métathèse de *ilex* (*ielx*).

RHAMNÉES.

Rhamnus, de ραμνος, en fr. *nerprun*, litt. noir prunier, en angl. *buckthorn*, épine du chevreuil; autrefois *spina Christi;* vulg. *bourgène, bourdaine, bourget, aulne-noir;* ces formes semblent issues du mot bourgeon. Toutefois épine-de-Christ s'applique aussi à un autre arbre, au févier.

THÉREBINTHACÉES
(de τερεβινθος, arbre résineux).

Rhus, de ρυω, entraîner, de sa vertu purgative, en angl. *stag horn*, corne de cerf; en fr. sumac. Un arbre qui pour

Linné était un sumac, l'aylanthe ou vernis du Japon, offre, dit-on, un nom indien qui veut dire arbre du ciel, de sa beauté et de son élévation, ou plutôt, c'est l'arabe *sommak*, qui désigne ce végétal.

LÉGUMINEUSES.

ULEX, du l. *uligo*, parce qu'il aime, du moins l'espèce naine, les terrains marécageux, en fr. ajonc pour aigu-jonc, ou mieux d'un de ses noms pop. *haut-jonc;* son nom de jonc viendrait de la rectitude de ses rameaux pointus, vulg. *jonc marin, vignot, vignon, guignon, jan* (pour jonc), *bois-jan, lande,* en angl. *furze; brusc* en Provence. Le *nanus* est vulg. *liaunet,* c'est-à-dire jaune. *Lande* est litt. la plante des landes, son terrain ordinaire.

GENISTA, Genêt, que Ray dérive de *genu,* parce que ses branches sont pliantes, en angl. *Petty whin,* litt. petit houx, et *mountain ebony,* ébénier de montagne. Le *G. tinc-toria* est vulg. *herbe à jaunir, genêtrelle;* le *G. sagittalis* est le *lacet,* du l. *lucus,* plante des bois, nom vulg. appliqué à plusieurs autres végétaux, et son nom spéc. latin vient de la ressemblance de sa tige ailée avec une flèche.

SAROTHAMNUS, le gr. σαρος, balai, et θαμνος, buisson.

CYTISUS, Cytise, de *Cythno,* selon Pline, une des Cyclades, *scoparius,* de *scopa,* balai, d'où le fr. écouvette, vulg. genêt à balai, en Basse-Normandie *boul* et *bou,* une forme de bouleau, parce qu'il sert au même usage, en angl. *common broom,* ou *broom,* balai. Le faux-ébénier en fr. et en angl. *laburnum,* est le cytise cultivé; de ce dernier mot vient le v. fr. aubours, et l'angl. *auburn,* qui désigne aussi le brun rouge. Le nom de *spartium* est le gr. σπαρτον, genêt, issu de σπαρτη, corde, d'où le fr. sparterie. Ebénier vient d'εβενος, ébène, appelé aussi bois d'arc ou arbois (*sagittalis*), à cause de la tige du genêt qui offre une flèche toute faite. Le *cytisus laburnum* est vulg. le *faux-ébénier*. Le cytise à balais s'est appelé arbois ou bois d'arc, à cause de la flexibilité de ses tiges.

Ononis, Bugrane, plante aimée des ânes, vulg. *herbe aux ânes* (ονος), et arrêtant le bœuf et la charrue par ses racines, d'où son nom vulg. *arrête-bœuf*, *retambœuf*, en angl. *rest harrow*, arrête-charrue, et *cammock*. A Cherbourg, la bugrane s'appelle réglisse. Le mot bugrane sign. tête de bœuf (βους et κρανιον). L'*onatrix* offre le nom d'une couleuvre d'eau nageante, en fr. coquecigrue, sans doute parce que cette plante est visqueuse et qu'elle exhale une odeur forte.

Medicago, litt. apportée de Médie; elle fut introduite en Grèce par les Perses au temps des guerres médiques. Luzerne est un adj. de *lucus*, litt. plante des bocages. La *M. lupulina* doit son nom à la ressemblance que ses fleurs réunies en tête ont avec le houblon (*lupulus*), vulg. *minette* (pour mignonette), *petit trèfle jaune*. Les Anglais écrivent plus étymoloquement, *lucern*.

Trigonella, de sa corolle triangulaire (Linné, *Phil. bot.*).

Melilotus, Melilot, ou lotier de miel, vulg. lotier odorant : de λωτος, arbre d'Egypte dont le fruit était si délicieux que les étrangers qui en mangeaient perdaient l'envie de revenir dans leur pays. Besnou donne encore à melilot un nom de physionomie populaire, *trouillet*.

Trifolium, triple feuille, trèfle, en angl. *clover* et *trefoil;*

le *repens* est le *triolet* et le *trèfle blanc ;* l'*incarnatum* est le *trèfle rouge* et le *farouche,* dont la forme primitive semble être son autre orthographe *farouch,* de physionomie arabe; l'*arvense* est le *pied de lièvre ;* le *pratense* est la *trémaine* (litt. plante de trois mois ou *très-mès*), et la *pagnolée* (litt. l'Espagnole); le *subterraneum* est le *semeur ;* le *parisiense* et le *recumbens* sont le *triaque,* altération du v. fr. *thériaque ;* c'est ainsi qu'en Angleterre *treacle* s'applique à des plantes médicinales, comme à la moutarde, *treacle mustard,* etc. (v. *Family herbal*). Le *fragiferum* est dit *capiton*, de sa fleur en capitule, ce que l'angl. exprime par *headed trifoil.*

Lotus, Lotier (v. Melilotus); le *corniculatus,* de *cornicula,* corneille, représente par son fruit le pied de cet oiseau; en angl. *bird's foot trifoil,* trèfle-pied-d'oiseau. De sa fleur il est encore dit *sabot* et *sabot de la mariée.*

Tetragonolobus, légume à quatre ailes foliacées ou lobes.

Phaseolus, du gr. φασελος, petit navire, d'après la forme de la fleur, en fr. haricot. Le *P. multiflorus* est en angl. le *scarlet runner,* le coureur écarlate, Le fr. haricot ne se disait dans l'origine que du *haricot* (litt. portion) *de mouton,* et comme ce légume lui était ordinairement associé, il a usurpé son nom.

Anthyllis, litt. fleur coton (ἰουλος, duvet), en angl. *kidney vetch,* vesce en forme de rognon, d'après la forme de la graine, et son nom spécifique *vulneraria* explique l'angl. *wound wort,* la plante aux blessures. De là encore le nom de *vulnéraire des paysans.*

Astragalus, en grec vertèbre, parce que les fleurs, dans

quelques espèces, sont rangées autour d'un axe, en anneaux, qui peuvent se séparer ; en angl. *milk vetch*, vesce à lait. L'astragale adragant offre une altération du grec τραγακανθα, litt. épine de bouc, en angl. *goat's thorn*, même sens.

Coronilla, fleur en couronne, *coronato corymbo*, dit Linné (*Phil. bot.*). Les jardiniers ont conservé son nom de *securidaca*, dérivé de *securis*, hache, pour indiquer la forme de son fruit ; par la même raison les Grecs appelaient πελεκεῖνος, la fève de loup. Le nom spéc. *emerus* est le gr. ἥμερος, doux.

Ornithopus, pied d'oiseau : on cultive cette plante sous le nom de serradelle, litt. plante en scie (*serra*), d'après les folioles de ses feuilles.

Hippocrepis, litt. fer à cheval, des échancrures unilatérales de son légume.

Onobrychis, litt. qui fait braire l'âne, en fr. Esparcette, vulg. *sainfoin* (*sanum fenum*) et *gros foin*. Les Anglais expriment à la fois sa provenance et sa saveur de lait par *french honey suckle*. On l'appelle encore vulg. *herbe éternelle*, de ce qu'elle se conserve longtemps, comme l'indique son nom fr. d'esparcette ou d'économie.

Faba, fève ; la *faba equina* est la féverolle, en angl. *bean*.

Ervum, Ers, d'*arvum*, litt. plante des guérets. Le fr. ers semble être le v. fr. *hirsu*, de *hirsutus*, vulg. *herchie ;* *E. lens*, lentille ; la var. *minor* est dite *lentille à la reine ;* l'*E. hirsutum* se dit en Basse-Norm. *gauvesce, covesce* (*co*

pour *gau*, mauvaise vesce), *gausé, gaze, jerzé,* ces termes
s'engendrent de cette manière : *Ervum,* ers, erset, jerset,
gausé, gaze. Aussi jersé est le vieux fr. *jergerie,* ivraie,
mauvaise herbe en général. C'est un mot que le peuple a
changé et modifié de cent manières, puisqu'il est dit encore
jargillerie, jardriau, jarande, jarseau.

Vicia, de *vincire,* lier; le fr. vesce est le l. *vesca* pour
esca, nourriture; le *V. cracca* a aussi les noms pop. de
l'*ervum hirsutum;* le *V. sativa* est l'*hivernage,* ou plante
d'hiver. En angl. *vetch,* qui est le norm. *vèche.* La *vicia
crocca* est en Basse-Norm. la *govéche,* litt. la mauvaise, la
fausse vesce, du péjoratif *go* et *gau,* qui est le *gwal*
breton.

Pisum, de la ville de Pise, selon Isidore de Séville, mais
plutôt radical grec (πισον). Un pois bien connu est le petit
Prodon, litt. de l'homme sage et prévoyant, *prud'homme.*

Lathyrus, de λαθυρος, pois chiche, en fr. gesse, probabl.
du nom pop. ci-dessus, gersé. Le *L. tuberosus,* vulg. *gland
de terre;* le *L. hirsutus,* vulg. *arosse (d'arroche)* et *jarousse;*
le *L. nissolia* est en angl. *grass vetch,* vesce du gazon, et
l'*aphaca* est le *yellow vetchling,* litt. petite vesce jaune.

Orobus, le gr. οροβος (qui excite les bœufs, Linné, *Phil.
bot.*), en angl. *bitter vetch,* la vesce amère.
Parmi les légumineuses, l'acacia *(d'*αxη, xαxη, mauvais
aiguillon); le Robinia tire son nom de J. Robin, botaniste
français, sous Henri IV et Louis XIII; le Baguenaudier
(*colutea*), de ce qu'on s'amuse ou baguenaude avec ses
fruits ou vessies rougeâtres; le *bauhinia* tire son nom des
frères Jean et Gaspard Beauhin, de Bâle, xvie siècle, res-
taurateurs de la botanique.

ROSACÉES.

AMYGDALUS, ἀμυγδαλος, Amandier, d'*amygdalanarius*, en angl. *almond*.

PERSICA, Pêcher (*persicarius*), originaire de Perse, en angl. *peach*, pêche.

ARMENIACA, Abricotier, originaire d'Arménie; abricot est corrompu de *armeniaca præcox*, nom qu'il portait chez les Romains; en angl. *apricot*, ou mieux de l'ar. *al* et du l. *præcox*.

PRUNUS, προυνον, en angl. *plum;* le *P. spinosa*, vulg. *prunellier, épine-noire, blossier* (de son fruit *bleusse, blosse,* litt. bleu), *chenelle* et *senelle* (litt. fruit du chêne). Le prunier sauvage se disait en v. fr. *créquier*, du fruit, *crèque*, du craquement de ses fruits durs et acides.

CERASUS, Cerisier, de Cerasonte, ville d'Asie; en norm. *chérise*, en angl. *cherry;* le *lauro-cerasus* est le *laurier-cerise*, le *laurier à lait, lotot* (de son fruit arrondi comme la boule du jeu de ce nom), *Palme;* le *L. nobilis* en angl. *sweet bay*, la baie douce. La cerise *amèche, amaigle* (litt. amère), *agriotte, griotte* (litt. un peu aigre), *guigne* et *guignolet* (du celt. *kign,* cerise sauvage), *mérise* (litt. amère cerise); *bigarreau* (nuancé de rose et de blanc). Le Buisson-Ardent (*C. pyracantha*) est en angl. *burning bush*, id., et *evergreen thorn*, épine toujours verte. Le cerisier odorant, arbre ou bois de Ste-Lucie, village de Lorraine, près duquel il est commun. Le *C. mahaleb* offre un nom arabe; c'est vulg. le *bois de Ste-Lucie*.

CRATÆGUS, litt. force de la chèvre, en fr. aubépine ou

épine blanche, et *snellier, noble épine,* alter. d'aubépine, en angl. *haw thorn,* litt. épine à *hagues,* mot norm. pour le fruit ; et ausi *may,* litt. fleur de mai, nom que les Italiens donnent au *cytisus alpinus,* le *scotch laburnum* (l'aubours écossais).

AMÉLANCHIER, qui devrait être mélanchier, de μηλεα, pommier, αγχω, étouffer, à cause de son âpreté, comme on dit pomme d'*étranguillon* et poire d'angoisse.

MESPILUS, μεσπιλον, qui donne le nom vulg. meslier (*mespilarius*), dont le fruit est la *meille,* d'où les localités dites Meilleraies, en angl. *medlar ;* le mot moderne néftier est une alt. de Mesplier.

PYRUS, poirier, en patois *périer* (le fruit est *peire*), du gr. πυρος, grain de blé, qui a donné pyramide, et *pyrus* serait dérivé de la forme pyramidale du fruit. Le *P. torminalis* sign. qui cause la dyssenterie, la colique ; le *P. aria* est l'allouchier, et l'alisier est en angl. le *lote-tree,* et *wild service,* litt. service de fruit sauvage, et le *P. sorbus* est le *true service,* litt. vrai service ; le *P. sorbus* est le l. *sorbere,* avaler, parce qu'on fait une boisson agréable avec le fruit, et son nom de *cormier* explique le rapport de son fruit avec celui du sorbier : en angl. *mountain ash,* frêne de montagne. Le *P. aucuparia (aves capere)* est le sorbier des oiseaux, vulg. *cofrène* et *gofrène,* litt. mauvais frêne. Le *P. aria* représente sans doute l'*arianis* de Pline (ἀριανις), plante inconnue. Son nom d'alouchier est une forme péjorative d'alisier, en fr. pop. *alier,* du haut all. *eliza,* alisier.

CYDONIA, de Cydon (la Canée), ville de l'île de Candie, en fr. coignassier, mot qui suppose *canassarius,* arbre de Canée, et dont la contraction donne l'angl. *quince.*

Rosa, rosier, en gr. ροδον; le fruit du rosier, en angl.
s'appelle *hip*, hanche, sans doute parce qu'il guérissait
cette partie du corps; en fr. le rosier sauvage est l'églantier; le bedegar est produit par la morsure du *cynips rosea*,
en angl. le *gall fly*, mouche à galle. Le *R. pimpinellifolia*
est la *rose du renard*. Le rosier jaune dit *R. eglanteria*,
offre le fr. églantier, dont l'étymologie est le v. fr. *aiglant*,
aiguille. Le *R. hystrix* est le gr. ιστριξ, hérisson. A Jersey,
l'églantier est dit *glotier* pour *glutier*, accrochant.

Geum, de γευω, donner du goût, d'après la racine odo-
rante, est la Benoite, ou herbe de St-Benoît, ou *herbe bé-
nite*, en angl. de même *herb Bennet* et *avens*, un mot qui
signifie sans doute fleur des Avents, parce qu'elle durerait
jusqu'à l'époque de ces fêtes. On l'appelle encore en fr.
pop. *recise*, litt. dont on *coupe* la racine, *galiote* et *gariot*,
termes dont Littré ne donne pas l'étymologie et qui semblent être des formes de *galium*, le galiet, plante d'une
autre famille, il est vrai, mais la botanique populaire pro-
cède par de larges analogues.

Rubus, du l. *ruber*, parce que le fruit est rouge avant
sa maturité, ou mieux parce que l'espèce la plus précieuse,
le framboisier, donne une baie rouge, étant mûre. Le fr.
ronce ne peut sortir de *rubus*. Diez le tire de *rumex*, plante
trop différente; Littré lui donne pour origine le l. *runcare*,
sarcler, épiler, par l'intermédiaire du bas-l. *runcus*. Le
Norm. dit *eronce*, du l. *eruncare*, onomat. d'arrachement.
En angl. la ronce est *bramble*, sans doute le dim. du fr. brindille, en v. fr. *brandille*, bois de *brande*, ou de bruyères;
aussi le nom d'une plante de bruyères, l'airelle myrtile,
est en fr. pop. *Brimbille*, égal sans doute à brindille, mais
sûrement le type du mot anglais. Le fruit de la ronce en
norm. est la *moure*, litt. la noire et en angl. *black-berry*,
la noire baie. Besnou cite encore le nom vulg. *catimuron*

même radical, mais dont le préfixe *cati* nous étonne.
L'espèce *Idœa* représente le mont Ida, lieu d'origine, et
sur son nom de framboisier Littré n'est pas fixé : cependant c'est le fr. franc-bois, d'après la fragilité de ses tiges,
surtout après la fructification. Les tiges hérissées de poils
rudes expliquent l'angl. *rasp-tree*, l'arbuste-râpe. Pour le
catimuron ci-dessus, je crois qu'il faut lire *calimuron*,
comp. du péjoratif *cali* et du fr. mûre, litt. la fausse mûre.

FRAGARIA, Fraisier, du l. *fragare*, de la bonne odeur de
la fraise, en norm. *frâse*, en angl. *straw-berry*, litt. la
baie à la paille (*straw*, le norm. *estrain*, paille), de l'usage
de pailler cette plante dans les jardins. Le l. *fragum* devenant le fr. fraise, démontre la transmutation de *g* en *s*,
espèce de zézaiement, effet de la loi du moindre effort.

COMARUM, en fr. Comaret, non cité par Littré : c'est le
grec κομαρος, l'arbousier ou le fraisier : or la feuille du
comaret ressemble à celle du fraisier. On l'appelle encore
Quintefeuille des marais, ce qui égale l'angl. *marsh cinque-foil ;* d'après sa couleur, c'est *purple marsh cinque-foil.*

POTENTILLA « *à potentiâ virium,* » dit Linné (*Phil. bot.*);
la *P. reptans* est dite la *Quintefeuille ;* l'*anserina* est l'anserine, traduction du terme vulg. *herbe aux oies* ou *pirots;*
son autre nom pop. est *argentine,* du revers argenté de
ses feuilles, en angl. *silver weed.* La *P. tormentilla* passait
pour guérir de la colique (*tormentum*). Cf. l'angl. *cinque-foil* et *five leaved grass.* Littré cite de la potentille printanière le nom vulg. de *parcinière,* sans l'expliquer. Il cite
aussi la quintefeuille sous le terme de pipeau, sans étym.;
lisez *piépot* (pied de poule), souvent appliqué à des plantes,
spéc. à une renoncule, dont la feuille a de la ressemblance
avec celle de l'autre. La *P. vaillantie* rappelle le botaniste
Vaillant, directeur du Jardin des Plantes sous Louis XIV.

Agrimonia, d'ἀργεμωνη, plante qui guérissait de l'ulcère
blanc de l'œil, ἀργημα, d'ἀργος, blanc ; son nom spéc. d'*eu-
patoria* représente le roi Eupator, qui mit cette plante dans
l'usage médical ; autrefois *herbe St-Guillaume ;* en angl.
agrimony. Nous ne nous expliquons le nom vulg. de *franc
cormier*, que Besnou donne à cette plante que parce que,
comme le cormier ou sorbier, elle a des feuilles ailées à
plusieurs folioles ovales. Amb. Paré écrivait *agrimoine*
(xvie siècle) : un de ses noms vulg. est *soubeirette*, litt. la
petite souveraine, en v. fr. *subeiran*, du bas-l. *su peranus*,
formé de *super.* Le fr. est *Aigremoine.*

Spiræa, du grec σπειραια, arbrisseau facile à tordre, à
mettre en spirales ; *ulmaria*, vulg. *ormière*, comme aimant
le voisinage des ormes ; vulg. *reine des prés*, de sa beauté
souveraine ; *barbe de chèvre* et *pied de bouc*, d'après ses
racines qui poussent un chevelu abondant, et des filaments
qui expliquent l'épithète de filipendula, pendant par des
fils ; l'*ulmaria* s'appelle encore *herbe aux abeilles*, qui la
recherchent pour son odeur de miel. Pour les Anglais, c'est
la douceur des prés, *meadow sweet* (peut-être pour *sweet-
ness*), mais ils disent aussi comme nous, *meadow-queen.*
Son nom de *drop-wort*, est litt. la plante à la goutte, bien
que le nom de cette maladie soit *gout;* mais la médecine
angl. avait *drop-serene,* goutte-sereine, et en son latin,
gutta-serena.

Alchemilla, les alchimistes employaient la rosée de ses
feuilles ; vulg. *couche de la Vierge*, ou *stragula Mariæ ;*
pour les Anglais *Lady's mantel*, le manteau de N.-D. On
l'appelle encore *pied de lion*, nom appliqué à des renon-
cules. Son nom spéc. *aphanes* est le grec ἀφανης, obscur,
peu visible, d'après la petitesse de la plante. Le fr. alchi-
mie est l'arabe *al-kimia*, terme hybride = αλ-χυμία.

4

Sanguisorba, d'après sa vertu médicinale; en angl. *great burnet*, la grande brunette, de la couleur rouge foncé des fleurs.

Poterium, coupe, en grec, d'après la forme du calice, et aussi breuvage; le fr. pimprenel est le l. *bipinella*, à deux ailes; en angl. *burnet*, de ses fleurs rougeâtres.

CUCURBITACÉES.

(DU L. *curvus*, *curvatus*, COURBE).

Bryonia, du grec Βρυον, houblon, plante grimpante comme le houblon; (de βρυω, pousser avec vigueur; de là la mousse dite *bryum*). Les noms vulg. de la bryone sont *liane blanche*, *navet sauvage*, *navet du diable*, *raisin du diable*, *verjus du diable*, *vigne blanche*, *navet galant* (obscène), *couleuvrée* ou *plante à la couleuvre, vigne sauvage*. En angl. c'est *bryony* et *white bryony*, pour la distinguer de *black bryony*, le taminier. Le fr. courge est une altération du v. fr. *coucourde* et *courde*, issu du l. *cucurbita*. La bryone, comme le taminier, est dite les *femmes battues*, comme les guérissant des contusions.

ONAGRARIÉES.

(οναγρος, âne sauvage, plante aimée des ânes).

Epilobium, de λοβος, silique, et επι, sur. L'*E. spicatum* est le *laurier St-Antoine;* en angl. *herb willow*, le saule en herbe. A Guernesey cette plante est l'*herbe au fron*, c'est-à-dire au furoncle, comme guérissant de ce mal; à Cherbourg, c'est l'*osier fleuri*. Le *laurier St-Antoine* est accompagné de ses synonymes : *Antonine, Antonin, herbe St-Antoine*. Son autre nom anglais est *rose-bay*, litt. laurier-rose.

Œnothera, l'Onagre, en grec ὀινοθηρας, la plante à odeur de vin, où θηρα, chasse, s'explique difficilement, vulg. *herbe aux ânes*. En angl. *evening primerose*, la primevère du soir, parce que c'est à ce moment qu'elle s'épanouit.

Isnardia, l'Isnardie, dédiée à Isnard, botaniste français.

Circæa, du nom de la fameuse magicienne Circé : c'est la traduction poétique du terme pop. *herbe aux sorcières*, autrement, *herbe enchantée*, de même en angl. : *enchanter's night shade*, expression où l'on trouve ce *night shade*, litt. ombre de la nuit, que les Anglais appliquent aux plantes vénéneuses, à celles qui plongent dans les ombres de la mort. Pour la Belladone ils chargent encore : « *deadly night shade*. Par contre la Circé s'est appelée *herbe de St-Étienne* et *de St-Simon*, sans doute le magicien. Cette plante joue un des principaux rôles dans le cycle des végétaux vénéneux et magiques.

Trapa, de τρεπω, tourner, parce que ses fruits tournent sous le pied comme la *calcitrapa*, ou chausse-trappe, dont *trapa* est sans doute l'abrégé ; en effet, on appelle cette plante en angl. *water caltrops*, chausse-trappe d'eau. Son nom fr. est la macre, que l'on tire du grec μαχρα, lacs profonds, d'après la station. La macre a été pourvue d'une riche synonymie populaire : *châtaigne d'eau, cornes du diable, cornue, cornuelle, corniole, marron d'eau, échardon, noix d'eau, cornifle, saligot*, tous noms assez clairs par eux-mêmes : le dernier vient sans doute de la saleté de sa station. Besnou cite encore tribale, mais c'est un mot savant, le l. *tribulus* que Pline applique à la macre, qui se dit aussi macle en fr. et il ajoute pour notre plante *galurin*, dont l'étym. nous échappe, mais dont le préfixe *ga* ou *gal*, semble représenter un péjoratif commun dans la langue française.

HALORAGÉES.

(Ἀλοραγος, raisin de mer, allusion à la forme du fruit).

MYRIOPHYLLUM, litt. mille-feuilles, vulg. *volant d'eau, fil d'eau*, en angl. *water-milfoil*.

CALLITRICHE, litt. la plante aux beaux cheveux; en angl. *star-wort*, plante à l'étoile, étoilée, d'après son fruit qui est l'union de quatre carpelles; de même à Cherbourg, étoile d'eau.

HIPPURIS, litt. queue de cheval, de même en angl. *mare's tail*, queue de jument. Son nom fr. Pesse, est une forme du l. *picea*, du grec πευκη, arbre résineux, d'après sa ressemblance avec le picéa, faussement *épicéa*.

CERATOPHYLLÉES.

CERATOPHYLLUM, litt. feuille cornue, en fr. cornille (*cornifolium*) : le fruit est muni de deux épines.

LYTHRARIÉES.

LYTHRUM, du grec λυθρον, sang noir, d'après la couleur de la plante; son nom fr. de salicaire indique sa station ordinaire près des saules, ou mieux la forme de ses feuilles; car les Anglais la nomment herbe-saule, *willow-herb*, et aussi *loose-strife*, un mot analogue à nos *chasse-bosses*, qui passaient pour guérir des contusions : le sens littéral est « ce qui dégage de la bataille » et on retrouve ici notre mot norm. *estriver*, batailler.

PEPLIS, du grec πεπλιον, pourpier, ce qui est aussi le sens du terme spécifique latin, *portula;* son nom fr. pourpier, ne se retrouve pas dans l'angl. *purslane*, de l'italien *porcellana*, herbe au porc. Le fr. pourpier est le l. *pulparium*.

TAMARISCINÉES.

Tamarix, nom d'une ancienne peuplade des Pyrénées, selon les uns ; selon Linné, d'un mot hébreu qui signifie purge. Quoi qu'il en soit, *tamaris*, comme tamarin (*tamarindus*) a une physionomie orientale, du moins l'étym. de tamarin est l'arabe *thamar*, fruit, et *hindi*, indien, datte de l'Inde. Linné ajoute pour appuyer son étymologie que l'écorce, le bois et le fruit dissipent les obstructions. En angl. *tamarisk* ; vulg. en fr. *tamarin*. La forme anglaise est archaïque : bas-lat. *tamariscus*, provençal, *tamarisc*.

PORTULACÉES.

Le nom de cette famille vient du l. *portulaca*, plante citée par Varron, *apud Nonnius*, le même mot que *porcilaca*, c'est-à-dire le *lacca* du porc, plante inconnue, mais dont la finale semble dériver de *lac, lactis*, plante qui serait mucilagineuse. L'orthog. d'Ambroise Paré, *pourpied*, donne pied de porc : la plante n'a rien de la couleur pourpre. Les Italiens la nomment *porcellana*, la plante du porc, d'où l'angl. *purslane*, pourpier ; en v. fr. *pourcelaine*. Le fr. porcelaine se rattache au radical porc, « il provient, dit Littré, de *porca*, vulve de truie, par quelque assimilation semblable à celle qui fait appeler *pucelage* un certain coquillage. » Le fr. pourpier est le l. *pulparium*, plante grasse.

Montia, dédiée à Monti, botaniste espagnol.

PARONYCHIÉES.
(de παρωνυχια, (ονυξ, ongle), panaris)
l'herbe aux panaris.

Corrigiola, du l. *corrigia*, courroie, en patois norm. *corgie*, d'après ses tiges filiformes.

Herniaria, de son usage en médecine, vulg. *teurquette* et *torquette*, de la ressemblance de la tige avec une corde tordue , du norm. *teurquier*, tordre ; *herbe aux hernies* et *herniole ; herbe masclou*, c'est-à-dire de St-Maclou ; *herbe nouée*, des nœuds que forment ses verticilles ; *herbe au cancer*. Besnou cite comme terme pop. *turc*, lisez *turque*, abrév. de *turquette*.

Illecebrum, du l. *illecebrum*, issu de *allicere*, attirer, sans doute d'après la grâce de ses fleurs blanc-rosé en verticilles. C'est d'après les nœuds que forment ses verticilles que les Anglais l'appellent *knott-grass*, l'herbe aux nœuds. On la nomme encore *faux-thym*. Son nom de *panarine* est scientifique.

Polycarpon, litt. plante à fruits nombreux, ou polysperme ; aussi en angl. c'est *all-seed*, toute graine.

Scleranthus, litt. la fleur sèche, d'après son calice scarieux.

CRASSULACÉES.

(du genre *crassula*, du l. *crassus*, gras.)

Sempervivum, d'après sa verdure constante, en fr. joubarbe, qui veut dire barbe de Jove ou Jupiter, en angl. *house-leek*, poireau des maisons, des toits, d'où son nom spéc. de *tectorum*. Elle revêt en effet la cîme des maisons et elle est regardée comme un préservatif de la foudre. D'après une ressemblance, *faux-artichaut*. Elle est encore l'*herbe aux hémorrhoïdes* et l'*herbe aux cors*.

Sedum : « *à sedendo in rupibus*, » dit Linné, mais mieux « *à sedando* » de ce que cette plante calme les douleurs ; son nom spéc. *telephium* est une allusion à Telèphe, roi de

Mysie, selon Linné. Elle possède une riche nomenclature :
Orpin, en fr. du l. *auripigmentum*, peinture d'or, altéré
en fr. orpin, en v. fr. *aurpin;* vulg. *herbe à la couture et
reprise*, comme faisant reprendre en recousant les chairs ;
joubarbe des vignes; grasset et *fève grasse*, d'après ses
feuilles épaisses; *chou au lièvre*, en norm. *au lieuvre;
herbe à la Vierge; St-Jean*, comme le breton *louzaouern
ar St-Juann; herbe à fève* (en it. *favagello*, la petite fève),
d'après ses capsules à sillon dorsal; *herbe au charpentier*,
comme plante vulnéraire. Les Anglais la nomment *orpine*
et *livelong*, d'après sa longue durée.

Sedum album, presque aussi riche que le précédent en
synonymes populaires : tétine de souris et *souricette; petite-
joubarbe; trique-madame*, comme aphrodisiaque; *perce-
mousse;* en angl. *white stone-crop*, la blanche moisson des
pierres. Le S. *anglicum* est dit *thym de crapaud*. Le crapaud dénomme un certain nombre de plantes dédaignées
et de lieux humides : *toad stool*, en angl., le siège du crapaud, le champignon ; le jonc du crapaud, ou *juncus bufonius;* le *pain de crapaud*, les champignons, etc.

Sedum acre, porte aussi plusieurs noms : d'abord vermiculaire, nom scientifique, puis les désignations populaires de *pain d'oiseau;* de *petite joubarbe;* de *marquet*,
comme consacré à St Marc; d'*orpin brûlant;* de *poivre des
murailles;* en angl. *biting stone-crop* ou le *stone-crop*
mordant, d'après son âcreté; *St-Vincent yellov stone-crop*
est le *sedum rupestre*.

Tileæa, dédiée à Till, botaniste de Pise.

Bulliarda, dédiée à Bulliard, auteur de la flore de Paris
en 1780.

Umbilicus, litt. nombril, de la forme de sa feuille, dite

ombiliquée en botanique; en fr. ombilic; vulg. *herbe à l'hirondelle; rondelle,* de sa feuille orbiculaire; *nombril de Vénus; maillette,* pour *molliette,* c'est-à-dire amollissante; *godets, couverture de marmite;* en angl. *wall penny wort,* la plante-penny (gros sou) des murailles, ainsi dénommée comme le fr. monnoyère, et monnaie du Pape. A St-Lo, l'ombilic est la *tendrelle,* de la tendreté de ses feuilles; à Cherbourg, c'est la *grasse-herbe* et *chandelle,* de sa tige droite et blanchâtre; à Jersey, *crétillon,* peut-être pour grapillon, d'après ses fleurs en grappes. Une propriété médicale lui vaut encore le nom d'*herbe aux hanches.*

GROSSULARIÉES.

(du l. *grossulus,* dim. de *grossus,* épais.)

Ribes, mot arabe (*Ribas*), qui signifie aigre : le fr. groseiller est tiré de *grossularius,* forme de *grossulus;* mais le terme vulg. *gradillier,* d'où *gradille* et *grade,* son fruit, en fr. gadelle, n'en peut venir; il dérive du l. *crassula* par *crassularius,* qui devient aisément le *crastillier* et *castillier* usité à Cherbourg et *crastillier* passe bien à *gratilier, gradillier;* à Avranches, il se métathèse en *cadre.* Besnou cite la bonne forme *castillier,* altération de *crastillier* (*crassularius*). Le double *ss* devient *st* en norm., comme dans *castrole,* pour casserole, dans *castonade* pour cassonade. En angl. c'est *current,* altération de Corinthe, de sa ressemblance avec la grappe du raisin de Corinthe. Le groseiller à maquereau est en angl. *goose-berry,* litt. en apparence la baie des oies, mais c'est la corruption de *grossberry,* litt. la grosse baie.

Pour le groseiller rouge, en fr. cassis, Littré fait cette remarque que ce mot est entré tard dans la langue et que son origine est inconnue. Mais le cassis, par son odeur forte, aromatique, aura offert de l'analogie avec la casse ou canelle, le grec κασσια.

SAXIFRAGÉES.

Saxifraga, litt. brise-pierre, rochers, parce qu'elle
croît dans les fentes de rochers et de ce fait naturel et primitif la médecine pop. a conclu qu'elle guérissait des
calculs de la vessie. C'est le même nom en angl. *stone-
break ;* dans ce dernier mot, d'origine onomatopique, on
retrouve le norm. *bréquier*, faire une brèche ; être *ébrequié*,
sign. être brèche-dent. Cf. le nom propre Braquehaie, litt.
brise-haie. La saxifrage granulée était trop guérissable
pour ne pas avoir été richement dotée d'appellations :
casse - pierre, *rompt - pierre*, *perce - pierre*, *herbe à la
gravelle*, *sanicle* (de *sanare*), *de montagne*, *belle anglaise*.
La croyait-on venue d'Angleterre ? c'est ce que rend
probable le nom d'une espèce, l'*hypnoïde*, dite *gazon
d'Angleterre*.

Chrysosplenium, mot grec qui sign. rate d'or, fleur d'or,
qui guérit de la rate, du *spleen*. Elle s'appelle encore hépatique, comme guérissant le foie. Son nom fr. de dorine
ne vient pas de Doris, déesse de la mer, puisqu'elle n'est
pas maritime, mais de sa belle couleur d'or ; son synonyme est *doradille*, qui s'applique aussi au *cetérach offi-
cinal*, et au point de vue philologique *dorine* est pour
dorille, contraction de doradille. A Cherbourg, c'est l'*herbe
dorée*. On l'appelle encore *saxifrage dorée*, que traduit son
nom angl. de *golden saxifrage*.

Adoxa, litt. la plante sans gloire, sans éclat, surtout par
rapport à sa sœur, la précédente ; mais on lui accorde le
parfum, d'après son nom de *moschatellina*, litt. la petite
musquée. Le fr. dit aussi moscatelle, et un botaniste dit
moscatella.

OMBELLIFÈRES.

(Nom tiré de *umbella*, parasol, forme de l'inflorescence.)

ANGELICA, « de la vertu de sa semence et de sa racine. » (Linné, *Phil. bot.*) De Candolle l'appelle *Imperatoria ;* en angl. *wild angelica.* L'espèce cultivée est dite Angélique archangélique.

HERACLEUM, la plante consacrée à Hercule ; le fr. berce, métathèse de *brance*, reste dans son nom spéc. de branc-ursine, du l. *branca-ursi,* inébriante, recherchée des ours, ou plutôt, comme pour l'acanthe, parce qu'on a comparé sa feuille au pied de l'ours. Le nom spéc. *spondylium*, sign. vertébré. Cette plante a beaucoup de noms pop. : *chuelle* et *suelle*, confondue avec la ciguë, pour le bas-norm. *chue ; tuet*, le v. fr. *tuel*, tuyau, de sa tige creuse, qui sert à faire des sarbacanes, d'où son nom de *souffloure ;* à Valognes, *canibotte*, litt. pour canibosc, litt. bois *cani* ou blanchi, du l. *canus*, mot qui s'applique à toutes les tiges desséchées et creuses, formant canal, le l. *canna.* Ainsi le sureau, le bois de la boule-de-neige portent ce nom, altéré pour cette dernière en *caillebotte.* Le mot pop. *souffloure* sign. sarbacane. A Jersey, la berce est la *besnarde*, litt. la plante de St Bernard. Besnou ajoute *bibreueil*, étym. inconnue, *frénelle,* de ce que par ses feuilles pinnées elle a de la ressemblance avec le frêne, *panaris de vache* et *patte de loup.* En angl. *cow parsnep*, panais de vache.

TORDYLIUM, de τορδύλιον, fenouil de Crète, vulg. *souffloure*, comme la plante précédente.

PASTINACA, panais, forme de la langue d'oil et *pastenade,* forme romane, en angl. *parsnep*, dont la finale est *nep*, navet, aussi l'appelle-t-on encore *racine blanche.* Le l.

pastinaca dérive du l. *pastus*, nourriture, d'après Tournefort.

Peucedanum, de πευκεδανον, amer, vulg. *queue de pourceau, fenouil de porc*, en angl. *sulphur wort*, la plante au soufre.

Selinum, de σελψιον, petite lune, d'après la forme de ses fruits comprimés.

Orlaya, dédiée à Orlay, médecin de Moscou.

Torilis, de τορεω, ciseler, de ses carpelles à cinq côtes épineuses.

Caucalis, de καυκαλις, persil sauvage ; *anthriscus*, le grec ανθρισκον, d'ανθριξ, épi ; en angl. *keck*, mot qui désigne les plantes fistuleuses ; en fr. vulg. *gratteau*, d'après ses carpelles hérissés.

Daucus, carotte, du grec δαυκος, carotte sauvage, en lat. *daucus* et *carota*, du grec καρωτον, qui a pu désigner une plante soporifique, puisque καροω, sign. endormir. En angl. *carrot*. Le δαυκος ou δοκος rappelle fortement le mot gaulois *odocos*, des formules de Marcellus Empiricus du vi^e siècle, un congénère primitif. Ces deux formes offrent aussi le nom d'une polygonée ; la *doque*, en norm., *dock*, en anglais, doit s'être francisé en *doche*, un mot très usité qu'on s'étonne de ne pas trouver dans le dict. de Littré.

Coriandrum, coriandre, du grec κοριανον, et, en angl. *coriander*, en it. *coriandolo :* Littré remarque que le *d* a été appelé par la consonne *n*.

Silaus est pour Pline l'ache des marais, vulg. *cumin des prés, persil bâtard*, en angl. *pepper-saxifrage*, saxifrage-poivre.

CRITHMUM, de χριθι, orge, parce que son fruit ressemble à un grain d'orge, s'est adouci en *criste-marine*, qui est son nom pop., ainsi que *fenouil de mer*, *perce-pierre*, comme venant dans les fissures des rochers, *herbe St-Pierre*, par calembour, d'où l'anglais *samphire*, par Saint-Pire. Les Bretons disent aussi *St-Per*. A Jersey, le crithme maritime se dit le *lavar*, sans doute parce qu'il est lavé, baigné par la mer. Les Anglais ont aussi *percepier*, et avec le chuintement norm. *perchepier*. Son nom fr. de *bacille*, issu du l. *bacillus*, baguette, doit être d'ordre savant ; il représente ses tiges droites et lisses.

ŒNANTHE, litt. fleur de vin, à cause de l'odeur de ses fleurs ; vulg. *ciguë d'eau*, de même en angl. *water hemlock*. A Jersey, l'œnanthe fistuleuse est la *chue*, réduction norm. de ciguë. Besnou lui attribue les noms vulg. de *chervi des marais, jonc odorant, gousse*, sans doute d'après ses fruits oblongs.

PHELLANDRIUM, le grec φελλανδριον, litt. le liège mâle.

PIMPINELLA pour *bipinella*, à deux ailes, en fr. boucage, ou plante du bouc, nom pop. qui a été trad. en *P. hircina ;* de même *bouquetin, bouquetine, persil de bouc, pied de bouc, de chèvre*. En angl. *burnet saxifrage*, la saxifrage brunette.

CARUM, carvi ; pour Pline c'est *Careum*, comme abondant en Carie : l'espèce bulbeuse est partout ; aussi c'est plutôt le grec καρυον, noix ; en effet, ce qu'il y a de plus frappant dans cette plante et ses voisines, c'est le *bulbocastanum*, le bulbe châtaigne. Mais le fr. chervi, pop. à Avranches, *echervi*, et l'angl. *caraway*, et l'esp. *al-caravia*, sont venus par l'arabe *karavia*, qui désigne la même plante. D'après sa racine bulbeuse le carvi se nomme *terre-noix, gernotte* et *gênotte, moinson, suron ;* en angl. *earth-nut,*

noix de terre. L'étymologie de *moinson* nous échappe ; celle
de *suron* se tire de l'âcreté du bulbe ; celle de *gernotte* est
le v. fr. et terme enfantin *notte*, noix, d'où le *nut* anglais,
avec le préfixe péjoratif *gar* et *ger*, issu du breton *gwal*,
mauvais, litt. la fausse-noix. Comme *g* devant *a* devient *j*,
ainsi jaune de *galbinus*, joie de *gaudium*, le *gar* devient
jar en picard où la gernotte se dit *jarnotte*, litt. fausse-noi-
sette. Besnou cite un synonyme de la Loire-Inférieure,
hernotte. Linné avait appelé cette plante *sison*, le grec
σεισων, et Lamark *sium*, le grec σιον.

Bunium, de βουνίον, navet, d'après sa racine bulbeuse,
dite aussi *génotte* (v. le mot précédent), litt. fausse-noix.
Son autre nom de *conopodium* offre κωνος, cône, et ποδιον,
pied, allusion à la forme conique du pied du style.

Ammi, le grec αμμί, d'αμμος, sable, d'après la station ordinaire de cette plante.

Apium, l'ache, la plante aimée des abeilles, *apes ;* le fr.
ache est sorti de la forme intermédiaire *apje*, du l. *apium ;*
en angl. *age*, aussi le persil y est dit *small-age*, la petite
ache. En fr. vulg. *ache d'eau*, des *marais*, *céleri-sauvage*.
Littré tire ce dernier mot avec vraisemblance de l'it. *sellaro*,
forme bresciane de *seleno*, qui se rattache au l. *selinum*,
persil.

Sium, le grec : σιον le *S. nodiflorum* est la *Berle*, et pour
le peuple normand, **Bèle**, dérivé du *Berula* de M. Empiricus, un mot dès lors probablement gaulois ; son nom
norm. est aussi *pirots*, ou *herbe aux pirots*, plante recherchée des oies ; en angl. *skirret*, qui se rapproche un peu
du fr. *gyrote*. Le *S. amomum* offre le grec αμωμον, arbre
odoriférant de l'Inde : c'est le *granum paradisi* des pharmaciens. Le *S. helosciadium* est composé de ελος, marais,
et de σκιαδιον (de σκια, ombre) ombrelle. On cultive le *S. si-*

sarum, appelé *girolles*, variante de *gyrote* ci-dessus, et aussi *chervi*, en angl. *chervil*, forme du fr. cerfeuil, en norm. *cherfeuil*. Le l. *sisarum* est le grec σισαρον.

Œgopodium, litt. pied de chèvre, *podagraria*, traduction du terme vulg. *herbe aux goutteux ;* on l'appelle encore *petite angélique, herbe de St-Gérard ;* en angl. *goat-weed*, herbe à la chèvre.

Smyrnium, du grec σμυρνα, myrrhe, probab. de Smyrne, terme d'origine comme son nom angl. *Alexanders*, ou d'Alexandrie ; vulg. *poivre ;* en fr. maceron, de l'it. *maceroni*, qui se rattache au l. *macis*, écorce aromatique.

Fœniculum, Fenouil, dim. du l. *fœnum*, foin.

Seseli, le grec σεσελι, *libanotis*, du Liban.

Cicuta, du grec κικυς, force, en fr. ciguë, en prov. *cicuda*, en berrich. *cocüe*, en bret. *chagud*, en v. fr. *sègue ;* en norm. c'est *chüe :* on a aussi le dim. *chuelle* et le péj. *cocuasse*. En angl. *hemlock*, composé de *hemp*, chanvre, et de *lock*, touffe. Mais ce *hemp*, tige de chanvre, n'est-il pas le fr. hampe, qui a été *hanste*, en v. fr. et qui est toujours *hante* en norm., forme où l'on reconnaît le l. *hasta*, avec l'intercalation d'une nasale? L'eupatoire, par sa physionomie et son odeur de chanvre, a offert aux Anglais l'idée d'une tige de chanvre et ils l'ont appelée *hemp-agrimony* et les botanistes *eupatorium cannabinum*, en fr. chanvrin.

Æthusa, litt. la brûlante, du gr. αιθω, plante très vénéneuse et naturellement stigmatisée dans ses appellations de *ache de chien, persil de chien, bâtard*, de *chat, ciguë folle ;* ce dernier terme nous conduit à l'angl. *fool's parsley*, le persil du niais, du nigaud. La botanique a pris le nom pop. *ache de chien*, pour l'éthuse, c'est-à-dire *cynapium*.

Scandix, le grec σκανδιξ, cerfeuil sauvage, vulg. *aiguille de berger, peigne, aiguille, alène, perce-poche, aiguillette, herbe à l'aiguillette ;* d'après ce dernier mot, cette plante a dû être employée pour « nouer l'aiguillette. » En angl. ce sont les mêmes noms : *awl-wort,* plante-alène, *shpeperd's needle,* aiguille du berger. Son nom savant est *peigne de Vénus,* id. en angl. et en bot. *pecten Veneris.*

Anthriscus, de ανθρισκον, espèce de cerfeuil : Besnou cite le fr. vulg. *persil d'âne, cerfeuil des fous,* analogue à l'angl. *fool's parsley :* le fr. âne, syn. de *fou* et de *fool,* est ici métaphorique.

Chærophyllum, litt. en grec feuille qui réjouit, est devenu le fr. cerfeuil et plus. étym. en norm. *cherfeuil* et *cherfeu,* et en angl. *chervil.* Le *C. sylvestre* est dit, comme le précédent, *persil d'âne,* et de plus, comme le *scandix, herbe à l'aiguille* ou *à l'aiguillette.*

Myrrhis, la plante à odeur de myrrhe, en fr. *cerfeuil musqué, perpétuel,* en angl. *myrrh scented* (sent la myrrhe), et *sweet cecely,* le doux séseli.

Buplevrum, litt. flanc de bœuf (πλευρα, la plèvre, et en patois normand, la *pieuvre,* le poulpe, d'après la ressemblance), allusion à la forme des feuilles de quelques espèces; vulg. *chusse,* qui est la contr. du péj. *cucuasse,* appliqué à la ciguë; vulg. aussi *perce-feuille, oreille de lièvre, herbe dorée,* comme la doradille; en angl. *hare's ear,* oreille de lièvre.

Sanicula, litt. la petite guérisseuse, du l. *sanare,* plante vulnéraire, vulg. *herbe de St-Laurent,* le saint grillé qui guérissait des brûlures; en fr. sanicle, *id.* en angl.

Hydrocotyle, litt. l'écuelle d'eau, en norm. *douce,* litt.

plantes des *douves* ou fossés pleins d'eau ; en angl. *penny-wort,* litt. l'herbe gros sou, d'après la forme de sa feuille.

ERYNGIUM, (ἐρυγγίον, éructation, plante qui fait roter), en fr. panicaut, lisez *panicot,* dim. de panic, une tout autre plante, une graminée ; vulg. *chardon à cent têtes, poil de bouc,* à cause de ses aiguillons, *chardon rolant (rolant* v. fr. roulant et faussement Roland), parce que ses tiges desséchées sont emportées par le vent, *chardon de St-Benoît* ou *Benedict* ou *chardon bénit, relâche* et *erlâche,* d'après ses propriétés médicales, et *point-chaud,* litt. qui pique dur, à brûler, *fouasse* (gâteau) *à l'âne.* Notre explication de *rolant* est justifiée par cette note d'un philologue botaniste, le comte Jaubert : « Quand le vent fait rouler les tiges desséchées du panicaut, on croirait voir un lièvre courir, d'où le nom de *lièvre de Champagne* donné à cette plante. » *(Gloss. du centre).* Les Anglais, par comparaison avec le houx, appellent *sea-holly,* le houx de la mer, l'*E. maritimum.*

CAPRIFOLIACÉES.

(Litt. feuille de la chèvre).

LONICERA, de Lonicer, botaniste allemand, auteur de l'*Histoire des Plantes* (Paris 1584), chèvre-feuille, à Avranches, *chevrefin ;* vulg. *sucets,* comme l'angl. *honey-suckle,* sucet de miel, *broute-biquette ;* en angl. *wood-bine,* litt. bois pliant, ce qui est aussi le sens de l'it. *vinci bosco.* Le terme gén. *periclymenum* est le grec περικλυμενον, estimé, renommé.

VIBURNUM, viorne, du l. *viere,* lier, d'après ses rameaux flexibles (*lenta viburna,* Virg.), en angl. *wayfaring-tree,* l'arbre voyageur. Le *V. opulus,* dérive de *ops,* secours,

parce qu'il soutient la vigne, en fr. obier (l. aubier), de
ses boules blanches, vulg. *rose de Gay* (l. de Gueldres),
boule de neige, caillebottes (caillebotte, la *motte* de lait
caillé en norm., pour motte-caillée). Le *V. laurestinus*,
devient le *lauriotin*, comme le *V. tinus*. Le *V. lantana*
tire son nom, d'après Linné, « *à lentore ramorum,* » vulg.
coudre moinsinne, ou selon Besnou, *coudre mansiane* et
mansienne, gauchène, litt. faux-chêne (du péj. *gwal*, mauvais). D'après son amour des lieux humides, il s'est appelé
sureau d'eau, *bordeau* (bord de l'eau). En angl. *snow-
ball*, boule de neige. Le fr. moissine explique les formes
précédentes, ainsi que le *moinson* de l'article CARUM ;
Littré le tire de *mustina*, issu de *mustus*, frais, récent :
c'est le faisceau de sarment fraîchement coupé.

SAMBUCUS, de σαμβυκη, sambuque, instrument de mu-
sique fait jadis de sa tige creuse. Toutefois l'arabe a un
nom très voisin, c'est *zambaq*, jasmin, que les naturalistes
écrivent *sambac ;* en fr. sureau, d'après ses propriétés su-
dorifiques ; en patois norm. *sus* et *seu ;* en angl. *elder*, pour
hil-tree, arbre creux. Le *S. ebulus* est l'yèble, du l. *ebibere*,
comme aimant, aspirant les eaux. Le nom légendaire est
arbre de Judas, parce que c'est, dit-on, à cet arbre qu'il
se pendit, de même en angl. *Judas tree*, qui désigne aussi
un *cercis*. Comme les enfants en font des sarbacanes, il est
dit *canepétoire* et *pétard*. Pour les Anglais c'est aussi *Dane-
wort*, la plante des Danois, parce que la couleur de ses
baies s'associe avec les souvenirs sanglants laissés par les
Danois. Le σαμβυκη est devenu *zambaq* en arabe.

CORNUS, du l. *cornu*, corne, allusion à la dureté du bois,
en fr. cornouiller, dont le fruit est appelé *cornouille*, ou
corne: ne pas confondre avec le cormier (*sorbus domes-
tica*), et son fruit, la corme. En angl. *cornel*, cornouiller,
et son fruit est *cornelian cherry*, la cerise cornouillière ;

l'arbrisseau est dit encore *dog-wood*, bois de chien. Le
C. sanguinea est dit *bois punais*, c'est-à-dire puant, en
angl. *bloody dog-wood*, bois de chien sanguin.

Hedera, du l. *hærere*, s'attacher à, en fr. lierre, du v.
fr. *le hière* : alors il y a double article dans « le lierre. »
Cf. ses analogues, le landier (le *hand-iron*, la main de fer),
la luette (la *uvette*, ou grain de raisin), etc. Le peuple dit
encore le hière, du hière. A Valognes, *le hiéru* et *hiéru*.
En angl. *ivy*, c'est le saxon *ifig*.

LORANTHÉES.

(De *loranthus*, mot hybride formé de *lorum*, courroie,
et de ανθος, fleur, d'après sa corolle découpée en lanières).

Viscum, de l'éolien βισχος, glu, en fr. gui, en norm. *vi*,
vi de pommier; quelquefois *glutier*, comme servant à faire
la glu, en angl. *mistletoe*, mot scandinave. Excessivement
rare, malgré la légende druidique, sur le chêne, où plus
heureux que Brébisson et Besnou, nous l'avons rencontré
une fois : c'était à Isigny-Pain-d'Aveine.

RUBIACÉES.

Rubia, du l. *rubus*, litt. la rouge, d'après la couleur
des racines, en fr. garance, en v. fr. *warance*, formé du
l. *varians*, tacheté, varié de couleurs ; en angl. *madder*,
qui est le vieux fr. *madre*, de l'it. *madera*, bois de teinture, qui est le l. *materia*, bois de charpente, d'où le fr.
merrain *(materianus)*. Vulg. *herbe à l'esquinancie.*

Asperula, de l'âpreté de sa tige au toucher, en fr. aspé-
rule, vulg. *petit muguet* et *reine des bois;* en angl. *wood-
ruff*, collerette des bois.

Sherardia, du botaniste anglais Sherard ; en angl. *field madder*, garance sauvage. V. Rubia.

Galium, du grec γαλα, lait, parce qu'on croyait qu'il le faisait cailler ; son nom fr. galiet, semble être la contr. de caille-lait, qui est aussi un de ses noms ; en outre *croisette, croix de St-André, éperonnelle*, c'est-à-dire en forme d'éperon, *fleur St-Jean;* en angl. *Lady's bed straw*, paille du lit de N.-D. Le *G. mollugo : « à mollitie plantæ, »* dit Linné. Le *G. aparine* est le grec απαρινη, gratteron, plante riche en synonymes : *gratton, gratteau, grattelle, grappelle, grippe, capet à teigneux, herbe à la punaise, rable, rèble*. C'est le fr. rable, râteau, crochet.

VALÉRIANÉES.

Valeriana, du nom propre Valérius (Linné); vulg. *herbe aux coupures, herbe à la meurtrie, herbe de St-Georges* et *de Ste-Claire;* à Cherbourg, *lilas de terre*. La *V. centranthus*, litt. fleur à aiguillon, tire son nom de l'éperon de sa corolle. En angl. *Valerian*.

Valerianella : la *V. olitoria*, plante utile, a été chargée de noms, et le peuple la caresse d'une foule de diminutifs gracieux et reconnaissants : *broussette*, et par métathèse *boursette*, litt. la plante des *brousses* ou broussailles; *accroupie*, de ce qu'elle est basse et étalée; *blanquette* ou *blanchette*, de sa couleur pâle; *clairette*, id.; *doucette; poule grasse* et *gallinette*, comme valant une poule grasse et une petite géline; *coquille*, de sa feuille en cuvette; *salade de chanoine*, c'est-à-dire exquise, comme en Basse-Norm. le pain de première qualité est dit de chanoine, contracté en *choine; salade de blé, verte, royale, de brebis; grillette*, pourquoi? il y a un narcisse qui s'appelle *grillet; oreillette*, or une espèce est dite *auricula*, d'après ses deux dents à la base des feuilles. Son nom fr. de *mâche* ne paraît pas venir du fr. *mâcher*, comme le croit Littré : Marcel Devic donne l'ar. *mach*, la mâche. L'angl. dit *corn sallet*, et *lamb's lettuce* qui sont bien les synonymes des termes fr. *salade de blé* et salade (ou laitue) de brebis.

DIPSACÉES.

Dipsacus, de διψαω, avoir soif, comme gardant de l'eau dans ses feuilles connées, en fr. *cardère*, chardon pour carder ; en fr. pop. *peigne, peigne à loup, cabaret* des oiseaux ; en langage savant, *cuvette de Vénus, labrum Veneris*, parce que l'eau des feuilles passait pour un puissant cosmétique. En angl. *teasel*, litt. le tisseur. Le *D. pilosus* est la *verge à pasteur*, ce que reproduit l'angl. *shepherd's rod ;* le *D. fullonum* est le *chardon à bonnetier*, le *peigne de cardeur ;* en angl. *shaggy teasel*, le chardon hérissé.

Scabiosa, de *scabies*, gale, le mal dont elle guérit ; l'espèce *succisa* (coupée en bas), porte des noms issus de la légende d'après laquelle le diable, irrité du bien qu'elle faisait à l'homme, la mordit de colère et y laissa la marque de ses dents : on explique ainsi sa racine tronquée. Voici donc ses noms diaboliques : *mors du diable, remors du diable, herbe du diable ;* de même en angl. *devil's bit*, et en it. *morso del diavolo*, et en all. *teuffel's biss*.

SYNANTHERÉES.

(Des étamines soudées par les anthères).

Eupatorium, d'Eupator, surnom de Mithridate ; vulg. *herbe de Ste-Cunégonde*. Mots savants : eupatoire d'Avicenne, pantagruélin, mot de Rabelais, qui a fait le terme Pantagruel, hybride grec-arabe, παντα, tout, et *gruel*, altéré.

Tussilago, de *tussim agere*, chasser la toux : le *T. far-fara* ou *farfugium*, litt. qui fuit le blé, *far*, a plusieurs noms : *pas d'âne; herbe St-Quirin; pied de poulain*, comme l'angl. *colt's foot; taconnet*, litt. qui guérit du *tacon*, ou mal du tac. Le *T. petasites*, litt. qui a la forme d'un pétase ou chapeau, offre un mot que Dioscoride applique à la grande bardane. En angl. *butter-bur*, litt. bourre couleur de beurre. Le *nardosmia fragrans* est l'héliotrope d'hiver.

Cineraria, de la couleur cendrée de quelques espèces, en angl. *Cape aster*, l'aster du cap de Bonne-Espérance.

Senecio, de *senex*, vieillard, à cause de ses aigrettes blanches. Le *S. vulgaris* est pop. le *serançon*, altér. du fr. seneçon, puis *herbe à la chardonnette* (le chardonneret); en angl. *groundsel*. Le *S. Jacobæa* est la Jacobée ou *herbe St-Jacques, herbe dorée;* à Séez, *fiel;* à Cherbourg, *herbe aux sansonnets;* en angl. *rag-wort*, la plante déguenillée. L'angl. *groundsel* sign. seuil de porte; litt. plante qui croît sur le seuil, plante sociale, amie des habitations.

Doronicum, de l'ar. *doronidge; pardalianches* sign. qui étouffe la panthère; en angl. *leopard's bane*, la peste du léopard.

Chrysocoma, litt. chevelure d'or; en angl. *golden locks*, id.

Aster, un astre; vulg. *œil du Christ; tripolium*, le grec τριπολιον, un aster dont la couleur change trois fois par jour, litt. trois fois blanc, de πολιος, blanc.

Erigeron, de εριον, duvet, et γερων, vieillard, allusion à ses aigrettes blanches; en fr. vergerette.

Solidago, de *solidum ago*, je rends solide, je consolide (les plaies), en fr. verge d'or, de même en angl. *golden rod.*

Conyza, du grec κονυζα, sarriette sauvage; vulg. *herbe aux puces*, de même en angl. *flea-bane*.

Inula, pour *enula*, dérivé de ελενιον, plante née, disait-on, des larmes d'Hélène. L'*inula helenium* est l'*enule campane* des officines; en angl. *Ele campane;* en fr. c'est l'aunée. L'*I. dyssenterica* se dit *pied de brebis, herbe St-Roch*, et *pissot de chien*, de son aigreur, et *tête de jument*. La *pulicaria* est l'*herbe aux puces*, comme la précédente.

Filago, de son duvet, en fr. cotonnière. Le *gnaphalium*, du grec γναφαλιον, bourre; à Cherbourg, *immortelle;* en angl. *cudweed*, litt. plante-mâche.

Bellis, du grec βδελλω, traire, la plante du pâturage, vulg. *pâquerette* ou *pâquette*, la fleur de Pâques; en angl. *daisy*, mot où l'on a vu, trop poétiquement sans doute, *day's eye*, l'œil du jour. A Jersey, *Margot*, la forme rustique de Marguerite. En angl. l'espèce prolifère est *hen and chickens*, la poule et les poussins.

Chrysanthemum, c'est-à-dire la fleur d'or, en fr. Marguerite, du grec μαργαρον, perle ; le *C. segetum* est la *jaunelle;* le *C. leucanthemum* est la grande pâquerette; vulg. *petro*, litt. blanc comme le prêtre (en surplis); à Guernesey, *fleur St-Manelier* (St-Magloire), à Cherbourg, *Mullu*, contraction du précédent.

Matricaria, de ses propriétés emménagogues.

Anthemis, litt. petite fleur, en fr. camomille, dérivé du grec χαμαι μηλον, fruit à terre. Le *C. nobilis* est l'*amarotte*, litt. l'amère, avec les variantes *amourette* et *amaroute*. A Bayeux, *camière*, altér. de camomille; en angl. *may weed*, plante de mai.

Achillæa, l'herbe d'Achille, celle qui le guérit de la blessure faite par Télèphe, vulg. *herbe au charpentier*, l'homme exposé aux plaies, *herbe à la coupure, millefeuille, dent de loup, hure de loup, herbe à picot* (dindon). On l'appelle encore *herbe militaire*, c'est-à-dire du soldat blessé. En angl. *milfoil* et *harrow* (moisson). La *ptarmica* (de πταρμος, éternuement), est l'*herbe à éternuer* et le *bouton d'argent;* en angl. *sneeze-wort*, de *sneeze*, éternuer. Comme les enfants se plaisent à se faire saigner du nez avec l'achillée, on la nomme *saigne-nez;* de même en angl. *nose bleed;* aj. l'angl. *Maudlin*, litt. herbe de Sainte-Magdeleine.

Artemisia, l'armoise, d'Artémis, Diane, ou, selon Linné, d'Artémise, femme de Mausole; autrefois *Mater herbarum, herbe sainte*. L'*absinthium* offre l'*a* priv. et ψινθος, douceur, d'après son amertume, vulg. *herbe aux vers*, en angl. *worm wood*, id.; à Avranches, la *sanguenitte;* c'est le mot santonic, comme abondante en Saintonge. L'*A. vulgaris* est l'*herbe St-Jean* et l'*herbe de feu*, plante merveilleuse : « Les fames c'en ceignent le sein à la S. Jehan et en font chapiaux sur leurs chefs, » selon le *Dict de l'herberie*. De là son nom de *couronne* et de *ceinture*. L'*A. abrotanum* représente le grec αβροτονον, l'aurone, en picard *avrogne*.

Tanacetum, la tanaisie, est un mot corrompu, selon Linné, de αθανασια, immortelle, à cause de la durée des fleurs, vulg. *verminette* et *herbe aux vers*. Besnou cite encore *barbotine*, d'origine inconnue, et *remise*, nom général des plantes qui *remettent*, c'est-à-dire rendent la santé. En angl. tanaisie devient *tansy*, l'anglais étant très souvent du fr. abrégé.

Diotis, litt. double oreille, à cause du double appendice des fleurons, vulg. *immortelle de mer* et *herbe blanche;* en angl. *sea side coton weed*, litt. plante cotonneuse du bord de la mer.

XANTHIUM, qui veut dire la fleur blonde : le *strumarium* (l. *struma*, écrouelles), est l'*herbe aux écrouelles*, la *lampourde, grappelle, petit grateron*, plante accrochante.

BIDENS, d'après les deux dents ou arêtes de la graine. Beaucoup de noms : *chanvrin* et *chanvre d'eau, herbe aux malingres, langue de chat, eupatoire d'eau, cornuet*, de ses divisions trifides ; en angl. *bur marigold*, le souci à bourre.

CALENDULA, ainsi nommée, dit Linné, « *quod calendis omnibus floret.* » En fr. souci, c'est-à-dire couleur du souci (douleur), ou jaune. Besnou cite encore *gauchefer*, d'origine inconnue, mais où semble se trouver le préfixe péjoratif *gau*, du breton *gwal*, mauvais. En angl. *marigold*, litt. la Marie d'or, parce qu'elle vient au printemps, vers la fête de la Vierge.

LAPPA, de λαϐω, prendre, de ses fruits accrochants, possède plusieurs noms : *bardane*, fr. du verbe barder ; par l'it. *barda*, couverture, pour exprimer l'extrême grandeur de ses feuilles ; en angl. *bur*, d'après la bourre de l'involucre ; vulg. *gratteron* et *glouteron* et *glutenier* et *grippon ;* à Jersey, *accrochant*.

ONOPORDIUM, litt. pet d'âne, en grec, et pet d'âne est son nom vulg. en fr. ; quelquefois *épine blanche*. Son nom spéc. d'*acanthium* offre le préfixe *ac*, avec le sens général d'aigu, et ανθος, fleur. En angl. *cotton thistle*, litt. chardon à coton.

SILYBUM, de σιλυϐον, arbuste épineux ; *Marianum* traduit

l'expression pop. de *chardon-Marie*, d'après la légende
racontée ainsi par Théis : « Une goutte de lait de la Vierge,
tombant sur cette plante, y fit les taches blanches qu'on y
remarque. » Aussi en angl. *Lady's thistle*, chardon de
N.-D., et *milk thistle*, chardon au lait.

Carduus, en fr. cardon et chardon, en patois norm.
cardron, en angl. *thistle*. L'*eriophorum* est le *chardon aux
ânes ;* en angl. *plume thistle*, chardon plumeux.

Serratula, litt. la petite scie, d'après les feuilles den-
telées, la sarrette, de même en angl. *saw-wort*. Ne pas
confondre avec la sarriette, autre plante ; c'est un nom
diminutif tiré de *satureia*.

Cirsium, de κιρσος, varice, comme guérissant les varices.
Le *C. eriophorum*, litt. porte-laine, est vulg. le *chardon
aux ânes ;* le *plume thistle*, chardon plumeux des Anglais, comme le chardon ci-dessus.

Cynara, de κυναρα, espèce d'acanthe, es le fr. artichaut ;
le *scolymus* est le grec σκολυμος, cardon, de σκολυς, épine ;
le *cardunculus* est le *cardon d'Espagne*, en angl. *blue bottle*,
bouteille bleue. Toutefois le mot κυναρα, s.-e. ἀκανθα, sign.
épine de chien. Quant à artichaut, c'est l'arabe *ardhischoki*,
de *ardhi*, terre, et *schoki*, épine.

Centaurea, la plante du centaure (Chiron) et *herba
S. Zachariæ*. La *C. jacea* se désigne par plusieurs noms
vulg. : *malfenu* (mauvais foin), altéré en *marfran ;
maillons ;* en angl. *matfelon*, le fr. mate-félon, c'est-à-dire
qui châtie le coquin. La *C. nigra* se dit *hane* et *hanon*,
têtard, de ses capitules, et *bourdanière*, litt. ami de la
bourdaine ou nerprun. La *C. cyanus* est riche en noms :
bleu-bleu, bleuet, barbeau, aubifoin (foin blanc, de sa tige

blanchâtre), *casse-lunettes*, de sa vertu pour les yeux, *ardenne*, du celt. *arden*, forêt, *carcomille*, litt. fausse camomille; *bleuf*, bleu dans certains patois, explique les formes *blavet*, *bluvelle*, *blaverolle* et *baverolle*. En angl. le bleuet est le *corn blue bottle*, la bouteille bleue des blés. La *C. scabiosa* est en angl. *knap-wort*, de *knap*, bosse, la plante bossue; la *solstitialis* est *S. Barnaby's thistle*, le chardon de St-Barnabé; la *calcitrapa*, la chausse-trappe, litt. qui fait tourner les pieds, se dit *chardon étoilé*, en angl. de même, *star thistle*.

CENTROPHYLLUM, litt. feuille à aiguillon, est le *chardon bénit*, en angl. *distaff thistle*, le chardon-quenouille; son nom de *carthamus* offre l'arabe *quortoum*, safran bâtard.

CARLINA, de Karlemagne, sous le règne duquel elle aurait été employée contre la peste; en angl. *dwarf caroline*, la carline naine.

SONCHUS, σογχος, laiteron, plante à lait, vulg. *laceron*, en angl. *sow thistle*, chardon à cochon.

LACTUCA, litt. la plante laiteuse, d'où le fr. laitue, et l'angl. *lettuce;* la *scariola*, vulg. l'escarole, semble venir de *squarrosus*, squarreux; mais l'angl. *succory*, est une forme du fr. chicorée.

CHONDRILLA, χονδριλη, chicorée sauvage.

PRENANTHES, litt. fleur penchée (πρηνης).

BARKAUSIA, dédiée à Barkauss, chimiste hollandais.

CREPIS, κρηπις, chaussure, d'après la forme du fruit, vulg. *fuselée*, plante en fuseau, en angl. *hawk's beard*, barbe de faucon.

Taraxacum, de ταραχη, trouble, et ακεομαι, guérir, selon Linné, mais c'est l'ar. *tarachaqoun*, chicorée, vulg. *pissenlit*, comme diurétique, *dent de lion* et *liondent* (en angl. *dandelion*, id.), *chopine*, la chopine de vin est aussi diurétique, *couronne de moine*.

Helminthia, plante contre les vers ou ἑλμινθες.

Picris, de πικρος, amer, à cause de l'amertume de la plante.

Hieracium, l'épervière, d'ἱεραξ, épervier; cet oiseau, selon Pline, guérit sa cécité avec le suc de cette plante; en angl. de même *hauk-weed*. Le *sylvaticum* est la *pulmonaire des Français*; l'*auricula* est en angl. le *mouse-ear*, l'oreille de souris; la *pilosella* (du l. *pilosus*), est l'*oreille de rat*. Besnou cite encore *veluette* (du l. *vellutus*, velouté), et *barbillière*, litt. la barbue.

Hypochœris, litt. sous le porc, en fr. la porcelle; en angl. *cat's ear*, oreille de chat.

Tragopogon, litt. en grec barbe de bouc, en angl. de même *goat's beard*, en fr. salsifis, litt. mets salsifié, vulg. *cercifis*; le *T. porrifolius* se dit pop. *barbalon*, pour barbillon, comme la *barbillère* ci-dessus; le *pratensis* a beaucoup de noms : *barbe de bouc*, *bombarde*, comme flatueux, *cochet*, étym. inconnue, *ratabout*, pour rat et bouc, c'est-à-dire rat (queue de) par la tige et bouc par la barbe, *talibot*, bien voisin du fr. galipot, *tardiboulette*, de physionomie culinaire, mais étym. inconnue. Les Anglais nomment cette espèce « *go to bed at noon*, » va te coucher, il est midi, allusion au sommeil de la méridienne, parce que les fleurs se ferment au milieu du jour.

Scorzonera, de l'esp. *scorza nera*, écorce noire, vulg. *salsifis noir ;* les Anglais et les Bretons consacrent cette plante à la vipère, comme la viperine : *viper's grass ; louzaouen ar viber.*

Thrincia, dédiée à Thrinci, agronome.

Cichorium, le grec κιχωριον, la chicorée, en angl. *succory ;* son épithète d'*intybus* offre εντυβον, dont le l. *endivia* semble l'altération : de là le fr. endive. Deux noms vulg. *cheveux de paysan* et *écobuette*, litt. celle qu'on écobue, qu'on extirpe avec l'*écobe* ou la houe.

Lapsana, de λαπτω, évacuer, purger; vulg. *herbe aux mamelles, gras de mouton, grageline,* pour grasse geline, ou autrement *poule-grasse,* altéré en *gravelin* (pour *gragelin), saune blanche,* litt. graisse blanche, de *sain,* graisse de porc, resté dans saindoux. En angl. c'est *nipple-wort,* la plante au tétin.

CAMPANULACÉES

(Les fleurs en cloche, *campana*).

Lobelia, de Lobel, botaniste flamand du xvi° siècle.

Jasione, le grec Ιασιωνη, petit liseron, de ιασις, guérison, d'après quelques vertus médicales : en fr. pop. *bonnet-bleu, fausse-ardenne* (bleuet), *fausse-scabieuse, herbe à midi* (s'ouvrant à midi); en angl. la scabieuse des moutons, *sheep's scabious* et *goulée* des moutons, *sheep's bit.*

Phyteuma, de φυτευομαι, engendrer, à cause de la vertu qu'on lui attribuait; le *spicatum* est l'*épi à la vierge.* Le fr. raponcule sign. petite rave.

Campanula, litt. petite cloche. La *C. trachelium* (τραχηλος, gorge, bon pour le mal de gorge) a reçu plusieurs noms vulgaires : *gantelée*, c'est-à-dire en forme de doigts de gant, et *gants N.-D.*, en angl. *Our lady's glove; gantillier; ortie bleue;* un nom savant : *herbe aux trachées;* en angl. *throat wort*, herbe pour la gorge et aussi *Canterbury bell*, cloche de Cantorbéry et *bell flower*. La *C. rotundifolia* est le *hare's bell*, la cloche du lièvre, et la *C. rapunculus*, litt. la petite rave, en fr. raiponce, est en angl. le même mot corrompu, *rampions*.

Wahlenbergia, genre dédié à Wahlenberg, botaniste d'Upsal.

Specularia, genre dénommé de l'espèce *speculum Veneris*, en angl. *Venus' looking glass*. Le *Prismatocarpus* est dénommé d'après sa capsule prismatique.

ERICACÉES.

Erica, de ερεικω, briser, selon Linné, d'après la propriété qu'on lui attribuait de briser les calculs de la vessie ; en fr. *bruyère*, en patois norm. *brière*, d'où l'angl. *briar*, mots d'origine celtique : *brug* en kymri, *bruk* et *bruq* en breton : la *tetralix* est le grec τετραλιξ (ελιξ, collier) quadruple collier ou tige quaternée. En angl. la bruyère se dit *heath*, le saxon *haeth*.

Calluna, de καλλυνω, rendre beau, en angl. *ling;* en patois norm. *brioche*, ou fausse-bruyère, *guigne*, c'est-à-dire espèce de *guignon*, confusion avec l'ajonc.

Andromeda, ainsi nommée symboliquement par Linné qui a fait de son nom un petit poëme : « Andromède est une vierge au col blanc, etc. »

Pyrola, de *pyrus*, poirier, d'après la forme des feuilles, en angl. *winter green*, le vert d'hiver, d'après ses feuilles persistantes.

Vaccinium, le vaciet, du l. *vacca* pour *bacca*, selon Varron, l'arbuste à baies, aussi Ronsard écrit *baciet;* vaciet est une abrév. de vaccinier; son autre nom fr. est l'airelle. D'où vient ce mot? Littré cite simplement le port. *airella* : ce n'est que reculer la difficulté. Ce mot est parti du grec αιρα, herbe, ivraie, par une confusion de cet arbuste avec les herbes qui l'accompagnent dans les bruyères, spéc. la canche. Le *V. myrtillus* offre le dim. de myrthe. Les fruits sont recherchés sous le nom de *morets* (les petits noirs) et *mourets; catelinettes* (de la Ste Catherine), *coussinets des marais;* à Séez, *sentine*, c'est-à-dire plante des *sentes* ou sentiers ; *lucet*, litt. plante des bois (*lucus*)*; gueule noire* (de ce que la baie noircit la bouche). L'airelle a été dotée par le peuple d'une synonymie opulente : *mourret* et *moret; catelinier; aire; brimballier*, l'arbuste aux brindilles ; *macerot* et *maceret*, qu'il faut rattacher à maceron, de l'italien *macerone; pouriot*, qu'il faut rapprocher de *pourette* qui dans le midi désigne le fruit du mûrier nain ; *raisin des bois, moureflier*, pour mourellier, qui porte des *morelles* ou petites mûres ; *bleuet*. Le *V. oyccoccos* (litt. baie acide) est en fr. canneberge, un terme sur lequel Littré est muet : son synonyme anglais, *cranneberry* (baie de bec de grue) nous conduit à son étym. par la forme saxonne *cranneberg*. L'autre nom anglais de l'airelle est *whortleberry*, qui égale le fr. *myortille*.

MONOTROPÉES.

Monotropa, de μονοτροπος, solitaire, parce que cette plante est rare; *hypopithys*, sous le pin, parasite de ses racines, d'où son nom pop. *suce-pin*.

JASMINÉES.

Ligustrum, la plante abondante en Ligurie, en fr. troëne, que Littré déclare d'origine inconnue, mais qui nous vient du breton où ce mot, *troen* (du verbe *troen*, tourner) est appliqué à une plante qui a quelques rapports avec celle-ci, le chèvrefeuille. Cet arbuste a été richement dénommé par le peuple : *bois noir, pluie blanche, sauvillot* (petit saule ?) *truflier* (litt. qui trompe ou *trufle*, on prend sa baie comme comestible); *vercelle* pour vergelle, petite verge, *vercillon* et *fressilon*, id.; *trougne*, forme de troëne, en norm. *trouene*. Besnou cite un nom local, *bois de Biville* (Hague). En angl. c'est *privet*, litt. l'arbuste du privé, de la haie qui cache le privé.

Jasminum, du turc *ysmin*, en angl. *jessamine* et *jasmine*.

Lilac, nom arabe que Tournefort a laissé à cet arbuste et que Linné a changé en *syringa*, de συριγξ, flûte, bois creux.

Fraxinus, frêne : pour Linné de φρασσω, enclore : ses semences ou samares sont dites *langues d'oiseau*. En angl. *ash*, frêne.

APOCYNÉES.

(απο-κυων, litt. d'où s'éloigne le chien).

Cynanchum, litt. étouffe-chien (αγχω, étouffer), *vincetoxicum*, litt. dompte-venin, antidote, vulg. *gobe-mouches*, parce que l'espèce appelée par Linné *musca pipiens* les attire et les retient prises par la trompe et « *pipientes.* » En angl. *swallow wort,* plante à l'hirondelle, savamment en

fr. hirundinaire. Le synonyme *asclepias* est le nom d'Escu-
lape. Le dompte-venin se dit encore *herbe à la ouate*, à
cause de l'aigrette plumeuse.

Vinca, de *pervinca*, pervenche, du l. *pervincire*, lier,
parce qu'elle se lie aux corps voisins; en angl. *periwinkle*,
qui suppose *pervincula*, petite pervenche.

GENTIANÉES.

Minyanthes et non *menianthes*, comme l'écrivent la
plupart des botanistes d'après Linné, et même son nom
étymologique est minyanthe, le μινυανθες de Théophraste et
de Dioscoride, formé de μινυς, petit, et de ανθος, fleur. Cette
fausse leçon a conduit à l'étymologie par μην, mois, parce
qu'en outre elle est réellement emménagogue, mais on
n'obtient ainsi que *menanthes*. Rectifions aussi le terme que
l'on écrit *akène* (fruit indéhicent) que l'Acad. des Sciences
écrit *akaine*, mais qui doit être *achaine*, de α priv. et χαινω,
s'ouvrir. Le minyanthe s'appelle *patte-d'oie*, *trèfle des
marais, trèfle d'eau (M. trifoliata)*, comme en angl. *marsh
trifoil;* ses semences arrondies et lisses lui ont valu dans
cette langue le nom de *buck-bean*, fève du chevreuil. M. Le
Jolis cite pour Cherbourg le nom pop. de *patte-d'oie*.

Villarsia, de Villars, auteur de l'*Hist. des Plantes du
Dauphiné;* c'est le *faux-nénuphar*, le *minyanthe flottant*.

Chlora, de χλωρος, verdâtre, jaune, d'après ses fleurs
jaunes, qui teignent en jaune. Même point de vue en angl.,
yellow wort.

Gentiana, de Gentius, roi d'Illyrie, dit Linné : en angl.
gentiane et *wind flower gentiane*, la gentiane-anémone;
elle a été consacrée à un saint : *herba S. Ladislai;* ses

vertus lui ont valu le « *surge et ambula* ». L'épithète *pneu-monanthes* sign. litt. la plante du *poumon*, ou des *marais ;* or *poumon* ici est un terme norm. appliqué aux marais spongieux, d'après leur ressemblance avec le poumon des animaux.

Erythræa, d'ερυθραιος, rouge ; *centaurium*, la plante du centaure Chiron, d'où le fr. centaurée, petite centaurée, l'angl. *centaury, lesser centaury*. A Jersey, *herbe St-Martin*, de l'époque de sa floraison et ordinairement *herbe à la fièvre*, c.-à-d. contre la fièvre, *fièvre de terre, gentianelle*. Besnou cite encore *herbe à mille florins*, allusion sans doute à ses précieuses vertus.

Exacum, d'εξαχεω, je guéris, part. εξαχον, guérissant : en angl. *leas gentianella*, la petite gentiane (du lin ?).

CONVOLVULACÉES.

Convolvulus, de *convolvere*, s'enrouler, plante trop commune et trop jolie pour ne pas avoir beaucoup de noms : *liseron* ou petit lis ; *liot*, parce qu'il se lie aux plantes voisines ; *lignolet* et *rignolet* pour vignolet, la petite vigne ; *clochette ; chemise* et *manchettes de la Vierge ; cheveux St-Jean*, de l'époque de sa floraison ; *vrille*, de ses spirales, et *vrillée, veille* et *vellie ; boyau du diable*, de ses racines blanches, fléau des jardins. Besnou cite *bédille*, qui est le v. f. pour cordon ombilical ; il cite aussi *vroncelle* pour vironcelle, du fr. virer, du v. f. *vironner*, entourer. L'anglais se concentre sur un seul point de vue : *bind weed*, la plante grimpante. Le *C. soldanella* se dit *petit chou-marin*.

Cuscuta, la cuscute, ou épithym, tire son nom, non pas du grec χασσυτα, lanière, mais de l'arabe *kouchouta*, qui désigne la même plante. Elle porte une double série de noms, selon que l'observateur a envisagé ou son côté pittoresque ou son action pernicieuse. Pour la première série, c'est *cheveux de la Vierge*, *cheveux de St-Jean*, *saisonnette*, *barbe de moine*, *raisin barbu*, *goutte du lin* (l'*epilinum*). Pour la seconde série, plus riche, c'est *cheveux du diable*, *bourreau du lin*, *lin maudit*, *rogne et teigne*, *ruche* et *ruble*, étym. inconnue; *angoure*, pour angourière, étouffeuse, comme parasite perverse, du v. f. *angurier*, suffoquer. En style d'officine, *herba furum*, *viscera diaboli*. En angl. *dodder*, le même que l'all. *dotter*, jaune d'œuf, nom général des fleurs jaunes : or la tige est jaune dans la *C. trifolii*.

BORRAGINÉES.

Borrago, bourrache, de l'arabe *abou rach*, père de la sueur, plante sudorifique introduite par les Maures en Espagne. Le l. *borrago* est d'invention savante, selon Littré; Linné y voit une forme de *corrago* (*cor ago*, je donne du cœur), un mot que l'on a prétendu être lucanien, mais c'est bien l'arabe « *abou rach* » père de la sueur, l'étym. de Littré. En angl. *borage*, en it. *borragine*.

Cynoglossum, litt. en grec *langue de chien* : c'est le nom fr. populaire : en outre *langue de limier*, comme en angl. *hound's tongue*; *herbe au diable*. Le Dict. de Nysten donne aussi *herbe dantal*, qu'il faut écrire *herbe dentale*, de ses propriétés calmantes.

Asperugo, de l'âpreté de la plante exprimée par le fr. râpette, ou petite râpe : *portefeuille* représente la forme du calice.

Anchusa, d'ἄγχω, j'étouffe, litt. l'étouffante, comme

asphyxiant les moustiques. L'*A. tinctoria* produit une racine rouge, d'où son nom d'orcanète en fr., d'*alkanet* en anglais, d'après l'it. *orca*, boîte à fard, du lat. *ochra*, en grec ωχρα, terre jaune. Le fr. buglose sign. langue de bœuf.

LYCOPSIS, litt. œil de loup, vulg. *grisette* et *grippe*, de sa tige hispide, en angl. *wild bugloss* et *gypsy wort*, plante de la gypsy ou de la bohémienne.

ECHINOSPERMUM, la graine hérissée.

MYOSOTIS, joli mot à l'œil et à l'oreille, qui ne signifie pourtant que oreille de rat, traduction de son nom pop. *oreille de souris*. C'est la plante du souvenir : c'est le *ne m'oubliez pas* des Français, le *forget me not* des Anglais, et le *vergeiss men nicht* des Allemands. Les Français l'appellent encore : *l'ensez à moi;* et *plus je vous vois, plus je vous aime.* Près de ces noms poétiques se place une série réaliste : *Oreilles de souris, scorpione*, de sa fleur recourbée en queue de scorpion, *grémillet*, petit grémil. M. *Lebelii*, de Lebel, botaniste et médecin à Valognes.

SYMPHYTUM, en grec συμφυτον, de συμφυω, unir, consolider : le fr. consoude, en v. fr. *consolde*, est le l. *consolida*, d'après ses propriétés astringentes. Plante très guérissante, la consoude a beaucoup de noms : *Confré*, du v. fr. *confermer*, consolider, *confière*, d'où l'angl. *confrey*, et avec une prononciation adoucie, *consire*, toutes formes issues du v. fr. *confermer*, consolider ; *console*, *langue de vache*, *herbe au cardinal*, *herbe aux coupures*, d'après sa vertu pour arrêter les hémorrhagies, nom qu'elle partage avec l'achillée, la valériane, l'orpin : « consire est plante de terroir humide ; par d'aucuns est appelée pasquette, d'autant que communément elle fleurit à Pasques. » (O. de Serres, 911.) Besnou cite *pecton*, qui semble un nom savant et une altération de pectoral *(pector)*.

PULMONARIA, la pulmonaire, la plante bonne pour les poumons, parce que la feuille offre de la ressemblance avec le poumon, vulg. *herbe au poumon, au cœur*, au *lait N.-D.*, d'après les taches blanches des feuilles, *sauge de Jérusalem ;* en angl. *lung-wort*, herbe au poumon, *sage of Jerusalem*, c.-à-d. sauge de Jérusalem.

ECHIUM, le grec ἔχιον, de ἔχις, vipère, d'où vipérine, par allusion à la ressemblance du fruit avec la tête de la vipère, en angl. *viper's bugloss :* « La vipérine, dit B. de St-Pierre, qui a ses semences faites comme la tête des vipères, fait mourir ces reptiles. » On l'appelle encore *buglose nanan*, étym. inconnue, et *langue d'oie*.

LITHOSPERMUM, litt. graine de pierre, dure comme la pierre, en fr. grémil. Ce mot a beaucoup embarrassé les étymologistes. Littré n'a pas d'opinion arrêtée sur son origine : « On tire ce mot de *granum milii*, grain de millet, dit-il, mais Ménage signale la forme de *grénil*, et Le Héricher, *Flore pop. de Normandie*, pense que grénil vient de ce que la graine est la partie la plus caractéristique de cette plante. » Mais je ne pense plus ainsi et mon esprit a passablement voyagé depuis sur ce mot. J'ai cru d'abord un peu à *craig mil*, litt. millet de pierre, puis à *gris-mil*, ou millet gris ; c'est un de ses noms, d'après ses graines grisâtres, et pour l'adjectif préfixé, on avait un exemple dans verjus ou jus vert. En définitive, je m'attachai à une autre origine, que je crois la plus certaine : ce fut le *Glossaire du Berry* de Jaubert qui m'ouvrit une nouvelle voie : *grume*, du l. *grumus*, signifie, en berrichon, grain de

raisin, et en **v. fr.** *grumel* veut dire petit grain, en berrichon, *guermil*, dont la métathèse est grémil. Le mot angl.
gromwel, voisin de *grumel*, confirme encore cette étymologie. D'ailleurs, cette plante porte beaucoup de noms
vulgaires : *herbe aux perles*, *graine perlée*, *millet perlé*,
perle de soleil, *d'amour*, *thé d'Europe*, *larmille*, de la
forme allongée des graines, *perlière*.

Heliotropium, litt. qui se tourne vers le soleil, suit son
cours, « une espèce de héliotrophon appelée aussi vire-soli. »
(O. de Serres); dans le *Menagier* « tournesot » ; vulg.
tournesol, *herbe St-Fiacre*, *herbe aux verrues* et *herbe au
chancre*, en angl. *turnsol*, et savamment *verrucaria*.

SOLANÉES.

Lycium, lyciet, ou plante de Lycie, en angl. *box thorn*,
épine-buis, jouant le rôle du buis pour faire des clôtures.

Solanum : on tire ce mot de *solari*, soulager, d'après des
propriétes narcotiques, mais on ne voit guère comment
solari donnerait *solanum*. Pline cite le *solanum* sans qu'on
sache bien quelle plante il désigne. Le l. *solanus* et *subso-
lanus* sign. tourné vers le soleil, et *solanum* a dû indiquer
le tournesol. Maintenant, il s'applique à la morelle, dont le
nom veut dire la petite noire, d'après les baies noires du
S. nigrum. Le terme spéc. de *dulcamara* est du l. pop.; il
ne se trouve que dans Plaute. En leur qualité de plantes
vénéneuses, les morelles sont chargées de malédictions :
herbe à la fièvre, *herbe à la quarte*, *feu sauvage*, *feu du
diable*, *crève-chien*, *loque*, *herbe aux sorciers*, *raisin de
loup*, en angl. le terme poétique *night's shade*, litt. ombre
de la nuit, (qui plonge dans les ombres de la nuit par la
cécité), de même en all. *nacht schatten*. L' it. *solatro*

rattache bien au l. *solari, solator (solatorium?)* Le *S. tube-rosum* est la pomme de terre, ou *parmentière*, de Parmentier, son introducteur en France, *patate, patraque, crompire*, un mot belge, importé par les troupiers ; on dit encore *truffelle*, petite truffe, et son nom it. est truffe ; en angl. *potato*, l'indien *batatas*. En v. fr. *truffes* et *tartufles*.

Physalis, le grec φυσαλις, bulle d'air et vésicaire (plante), de φυσαω, souffler, gonfler, comme caractérisé par son calice vésiculeux ; en fr. *coqueret* et *coquerelle*, petite coque et *herbe à cloques* (cloches); en angl. *winter-cherry*, cerise de l'hiver; *alkekengi* est l'arabe *al-kakeng*, qui désigne la morelle.

Atropa *belladona :* c'est la parque Atropos sous l'apparence d'une belle dame, d'après la beauté de sa baie rouge, qui est vénéneuse, vulg. *herbe empoisonnée, cerise-poison,* en angl. *deadly night shade*, mortelle ombre de la nuit, parce qu'elle produisait d'abord la cécité, puis la mort, et aussi *dwale*, poison dormitif, de l'all. *dwallen*, être stupide. L'ancienne médecine appelait cette plante : « fantasque, exhilarante, oblivieuse et dementante. »

Datura, de l'ar. *datura*, tiré du persan *tatula*, racine, de *tat*, piquer; vulg. *herbe aux sorciers, herbe au diable, herbe des démoniaques, pomme épineuse, endormie* (endormeuse?), en angl. *thorn-apple*, pomme-épine. Pour *stramonium*, Littré dit origine inconnue. On pourrait peut-être entrer dans l'étym. par le fr. antimoine qui est la latinisation de l'ar. *athmoud, atmoudium.*

Hyoscyamus, litt. fève de porc (ὑοσ κυαμος), d'où le fr. jusquiame, vulg. *hanebane*, un mot d'origine scandinave (*hæna*, poule, et *bana*, peste), le même en angl., *hebenon.*

Beaucoup de noms vulgaires, comme toutes les plantes actives : *herbe aux engelures*, *herbe Ste-Appoline*, qu'on invoque dans le mal de dents, *herbe aux chevaux, à la teigne*, la *mort aux poules*, *porcelets* (herbe aux), *potelée*, dont le fruit est en forme de petit pot, *carcillade*, prob. pour *carcinade*, du grec καρκινος, cancer.

VERBASCUM, cité par Pline : Linné a voulu l'expliquer comme corrompu de *barbascum* pour *barbatum*, plante barbue (de son duvet), mais Linné n'est pas un philologue positif, pas plus du reste qu'on ne l'était de son temps. Pour l'épithète *thapsus*, elle vient de Thapse, ville d'Afrique. Vulg. *bouillon-blanc* ; le *V. nigrum* est le *bouillon noir*, litt. bouillon (béchique et émollient) qu'on fait avec l'espèce blanche et l'espèce noire. Le nom générique fr. est molène, en angl. *mullein* et *flannel plant :* la racine de molène, est le l. *mollicina*, qui n'est pas une forme fictive, comme le dit Littré, et qui sign. étoffe moelleuse. Le *phlomoïdes* représente φλομος, plante dont on faisait des mèches, et le *blattaria* représente *blatta*, la mite ; en effet, son nom pop. est *herbe aux mites*, en angl. de même, *moth mullein*. Besnou cite encore (pour le *V. thapsus*) *bonhomme*, qui est quelquefois le nom générique du paysan et *blanc de mai*.

SCROPHULARIÉES

DIGITALIS, la digitale, du l. *digitus*, doigts, de sa ressemblance avec le dé à coudre : l'idée de gant préside à sa nomenclature : *gantelée*, *gants de bergère*, *gants N.-D.*, en norm. *déiot*, mot qui signifie un doigt de gant, *gantière*, *gant de renard*, même terme dans l'angl. *fox glove*. De l'usage de faire éclater les fleurs en les frappant dans la paume de la main dérivent les termes *claquets*, *pétards*, *toquets*. Les autres : cloches, *ballotte*, s'expliquent d'eux-mêmes.

Gratiola, la gratiole « *gratia medicinali,* » dit Linné, vulg. *herbe au pauvre*, étant le purgatif ordinaire des pauvres et des gens de la campagne et aussi *herbe à la fièvre*. Les Anglais la comparent à l'hysope : *water-hyssop, hedge hyssop.*

Scrophularia (et mieux Scrofularia), la scrophulaire, indique bien sa propriété de guérir un mal qui tire son nom de la truie, *scrofa*, vulg. *herbe aux écrouelles ;* de sa mauvaise odeur, *sent-à-ma* (mal), à Cherbourg et à Valognes, et *suie d'enfer*, d'après son amertume. Employée contre les hémorrhoïdes, elle est l'*herbe du siège*, l'*herbe aux hémorouisses*, *herbe au fi* (fic), et de même en angl. *water fig-wort*, en y ajoutant sa station près des eaux (du moins pour la commune, la *S. aquatica)*, qui à ce titre est aussi en français pop., la *bétoine d'eau.*

Linaria, du l. *linum*, à cause de la ressemblance des feuilles de l'espèce commune avec celles du lin, le point de vue populaire : vulg. *lin sauvage.* La *L. cymbalaria*, dénommée d'après ses feuilles creuses et arrondies. La *L. spuria* ou bâtarde, s'appelle *sine patre* et *velvote*, en v. fr. *veluote*, un mot qui représente ses pédoncules *vélus*, du bas-lat. *veluetum*, du l. *villus*, poil, d'où le fr. velours, en angl. *velvet*, qui égale le fr. *velvote*. Le *L. élatine* offre le grec 'ελατεινος (de sapin), d'après ses feuilles aiguës ; en angl. *toad flax*, lin à crapaud, mot qui s'applique au genre tout entier.

Antirrhinum, d'ανθιρρινον, l'asphodèle, en fr. mufflier, la fleur en muffle. Le *majus* est le *muffle de veau*, la *gueule de lion ;* en angl. *mufflander*, en it. *coffo di vitelli*, en angl. *calf's snout* (muffle de veau), et plus poétiquement *snap dragon*, mot intraduisible et dont gueule de dragon n'est qu'un faible équivalent ; le fr. pop. happer, seul se rapproche de cette expression imitative. L'*orontium* est le grec 'ορουτιον, plante qui détruit la jaunisse : il fallait traduire ce mot par *oronce* et non par « rougeâtre » comme l'a fait la *Flore* de Brébisson.

LIMOSELLA, du l. *limus*, du limon où elle se plaît.

BARTSIA : « j'ai appelé cette plante Bartsia pour consacrer la mémoire de J. Bartsch , jeune homme doué des avantages extérieurs les plus séduisants. Je fis avec lui une connaissance intime pendant mon séjour en Hollande. » (Linné) et *viscosa* n'est-il pas le symbole de leur attachement?

RHINANTHUS , de ριν, nez, et de άνθος, fleur, fleur-nez, d'après la prétendue similitude de la fleur avec le nez de l'homme ; *crista galli*, *crête de coq*, et *cocrête*, *sonnette*, *sonnette jaune*, de même l'angl. *yellow rattle ;* puis *trompecheval*. Ce genre d'expression est commun en Normandie : trompe-souris, maison et terrain où la souris ne trouve rien à manger, *trompe-valet*, pomme amère et mauvaise. Besnou cite encore pour le rhinanthe, le fr. vulg. *tartarelle*, dont l'étymologie se trouve dans *herbe de Tartarie*, terme appliqué aussi à la plante suivante.

PEDICULARIS, litt. la plante aux poux *(pediculus)*, vulg. *herbe aux poux*, employée contre les poux, de même en angl. *louse wort;* et contre la fistule, d'où *herbe aux fistules;* et *tartarée rouge*, litt. *herbe* de Tartarie.

MELAMPYRUM, litt. blé noir (πυρςο, blé , d'où πυραμοιδης, en forme de blé, d'où le fr. pyramide), parce que les semences ressemblent à des grains de froment; vulg. *rougeole*, de sa couleur, *blé de vache,* de même en angl. *cow what*.

Euphrasia, d'*εὐφρασια*, joie, allusion aux propriétés de cette plante pour les maladies des yeux ; aussi on la nomme *casse-lunettes*, et en angl. de même, *eye-bright*, clarté de l'œil ; et encore *luminet, herbe* à l'ophthalmie et *langiole :* de ce dernier mot l'étymologie peut être petite-lange, comme faisant l'office de lange sur les yeux, et lange dérive du l. *laneus.*

Sibthorpia, de Sibthorp, botaniste anglais, d'Oxford, un correspondant de Linné.

Veronica, consacrée à Ste Véronique, ou l'image sacrée, (*ἱερον εικων*), se présente avec un nombreux cortège de noms généralement tirés de sa station, de ses similitudes, utilitaires ou nuisibles, malgré les grâces de ses diverses physionomies. La *V. beccabunga* porte un nom allemand, *bach-bungen*, qui vient dans les ruisseaux, l'idée anglaise, celle de *brook lime*, litt. limon du ruisseau, et d'après sa prompte croissance, c'est *speed well*, celle qui se hâte bien. Vulg. en fr.: *cresson de chien, cressonnière, salade* et *laituc, chouette.* La *V. anagallis* est le grec *ἀναγαλλις*, le mouron rouge, plante voisine ; *chamædrys* signifie en grec le chêne-à-terre, en fr. V. petit-chêne, miniature du grand arbre, et *véronique femelle*, et aussi *chênette.* Les Anglais l'assimilent à la germandrée avec un terme spécifique « *germander speed well.* » L'*Officinale* est la *véronique mâle*, le *thé d'Europe*, et aussi l'*herbe aux ladres.* La *V. Buxbaumii* tire son nom du botaniste allemand Buxbaum, auteur du *Catalogus plantarum juxta Halam :* son synonyme *persica* parle de lui-même. Le terme *chouette* sign. petite cigüe.

OROBANCHÉES.

Orobanche, litt. ce qui étouffe l'orobe (*ορο6ος* et *ἀγχω*), se dit en fr. épithym, la parasite du thym-serpolet. D'après une ressemblance, vulg. *radis, rave,* comme en anglais *broom rape,* rave de genêt. Quelques vilains noms de cette plante détestée du laboureur : *coue de cat* (queue de chat), *pine de loup, fausse-asperge, herbe loure.*

Lathræa, la clandestine, du grec λαθραιος, caché ; dès lors *Lathræa clandestina* est un pléonasme.

LABIÉES.

(de *labia,* lèvres, fleurs à lèvres.)

Lycopus, traduction du terme pop. *patte de loup; lance du Christ, chanvre d'eau;* Besnou cite comme pop. *crumène;* mais ce serait un mot savant, tiré du l. *crumena,* bourse, probab. de sa corolle tubuleuse.

Salvia : c'est la plante de là santé. L'école de Salerne disait : « *Cum moriatur homo cui salvia crescit in horto?* » en fr. *sauge,* en angl. *sage.* La belle *S. pratensis* est la *toute-bonne des prés ;* la *sclaræa,* du grec σχληρος, dur, de la dureté de sa tige, est aussi *toute-bonne* et *orvale,* un mot qui devrait s'écrire aurvale, selon l'étymologie suivante. « Toute-bonne, autrement dite des François, orvale, parce quelle vaut autant que l'or. » (Liebaut, *Maison rustique*). C'est aussi la solution de Littré. « Il n'y a ni sel ni sauge, » se dit d'une chose *insapide;* c'est une vieille locution : « onques n'i quist ne sel ne sauge. » *(R. de Renard.)* La forme fr. sclarée est devenue en angl. *clary.*

Mentha, en grec μινθα, vulg. *baume;* la *M. rotundifolia* est la *mentastre,* forme péjorative de menthe ; on l'appelle aussi *herbe de mort,* sans doute comme employée pour conserver les cadavres ; la *M. puleguim* est le *pouliot,* du l. *pulex,* pou, ou *herbe aux poux, chasse-puces.* En angl. menthe, se dit *mint.* Besnou ajoute aux noms vulg. *alvalain*

et *fretillot?* La *M. aquatica* est dite *menthe à grenouilles,*
baume d'eau, bonhomme de rivière, riolet, litt. plante des
rivulets.

ORIGANUM (ὸριγανον), *marjolaine,* en angl. *marjoram :*
« du bas-latin *marjoraca,* corrompu du l. *amaracus,* marjolaine. » (Littré.)

THYMUM (θυμον), thym, angl. *thyme, serpyllum,* serpolet,
du grec ἑρπυλος, rampant, de ses tiges couchées, vulg.
pilolet, pouilleux. Son nom vulg. provençal est *frigoulo.*

CALAMINTHA, litt. la belle menthe, fr. calament; son
nom spéc. *clinopodium* est la traduction du terme pop.
pied de lit, appliqué à cette plante et à l'origan ; en angl.
wild basil, litt. basilic sauvage, même point de vue que le
grec et le latin qui ont ακινος et *acinos,* basilic.

MELISSA (μελισσα, abeille), vulg. *citronnelle, herbe aux*
mouches, en bas-norm. *herbe ès môques ;* en angl. *balm*
mint, menthe-baume, et *balm-gentle,* l'aimable-baume.
Besnou ajoute le fr. vulg. *millespèle,* altération de melisso-
phylle. La *M. melissophyllum* est vulg. *piment.*

HYSSOPUS, hysope, en grec ὑσσωπος, de l'hébreu *ezob ;* en
arabe *zouffa ;* angl. *hyssop.*

NEPETA, d'une ville d'Italie, dit Linné, mais plus prob.
altération du νηπενθης des Grecs, litt. ce qui dissipe le cha-
grin, sens qui peut s'appliquer à cette plante fortement
aromatique; *cataria,* vulg. *cataire, herbe au cat,* de même
en angl. *catmint.*

GLECHOMA, en grec γληχων, pouliot; vulg. *lierre de terre,*
terrée, terrette, rondette, herbe St-Jean et courroie de St-Jean.
Cette idée de lierre est aussi la dominante dans le terme

scientifique *hederacea*, dans le fr. pop. *lierre de terre* et dans l'ang. *ground-ivy*. Dans le *Gloss. norm.*, *gaffe à trois dents*, *gaffe*, parce qu'il s'accroche, *à trois dents*, des trois fleurs réunies dans l'aisselle des feuilles.

SCUTELLARIA, litt. la plante aux écuelles, de son calice concave, caractère encore plus accentué dans le nom spécifique, *galericulata* (de *galera*, casquette), en fr. toque, vulg. *centaurée bleue*. En angl. *skull-cap*, toque en forme d'écuelle.

BRUNELLA et PRUNELLA, de sa couleur brune ; vulg. *brunette, charbonnière ; bonnette*, d'après ses qualités, comme l'angl. *self-heal*, guéris-toi toi-même.

MELITTIS, mélitte, du grec μελιττις, herbe au miel, vulg. *piment, herbe sacrée.*

MARRUBIUM, mot latin, racine inconnue ; on ne peut adopter le *Maria urbs*, ville d'Italie, de Linné. Roquefort (*Gloss. de la langue romane*) donne à marrube pour synonyme *maroche*, litt. mauvaise arroche, d'où *mariochemin*, litt. *maroche des chemins*, altéré peut-être en *marinclin*.

BETONICA pour *vettonica*, dit Pline, du nom d'un peuple d'Espagne : « *quia Vettones eam invenerunt.* » En fr. bétoine, en patois norm. *bétouine*, en angl. *wood sage*, sauge des bois, et *betony*.

STACHYS, de σταχυς, épi de blé, aussi en fr. épiaire, et *épi fleuri*. Le *S. sylvatica* est l'ortie puante ; le *S. recta* est la *crapaudine* ou *herbe au crapaud ;* le *S. palustris* est *l'ortie morte ;* le *S. arvensis* est en angl. *wound wort*, l'herbe à la blessure.

Galeopsis, litt. figure de belette, en fr. chanvrin pour le
G. tetrahit, de sa ressemblance avec le chanvre. Qu'est-ce
que *tetrahit?* Pour *G. ladanum*, c'est le grec λῃδανον, gomme
du *ledum*.

Leonurus, litt. queue de lion, de même en angl. *lion's
tail* et *mother wort*, l'herbe de la mère. Le fr. *agripaume*
est le l. *agripalma*, qui se dit en anglais. Le nom spéc.
cardiaca indique son utilité pour l'estomac, de là le fr.
cardiaire. Besnou indique encore le nom vulg. *chéneuse*,
probab. de ce que la feuille ressemblerait à celle du chêne.
Il faut rapprocher de ce terme *chênette*, la veronique-petit-
chêne.

Lamium, de sa fleur en gueule, rappelant la figure d'une
lamie; le *L. album*, *ortie blanche*, *pied de poule* et *archangélique*, en angl. *archangel*, et aussi *dead nettle*, litt. *ortie
morte. Galeobdolon*, litt. en grec, vesse de belette, vulg.
museau de belette et *ortie jaune ;* le *L. purpureum*, vulg.
ortie rouge ; le *L. amplexicaule* est en Angleterre le *henbit*,
litt. morsure de la poule. L'angl. traduit litt. *galeobdolon* en
weazel-snout.

Ballota, de βαλλωτη, marrube noir, en angl. *black hore-
hound*, mot d'interprétation difficile : en vieil angl., *hore*
sign. à tête grise, litt. limier à tête grise.

Teucrium, de τευκριον, plante pour la rate, plutôt que de
Teucer, roi de Troie; *scorodonia* et *scordium*, le gr. σκορδιον,
ail, parce que cette dernière espèce exhale l'odeur de l'ail.
Le fr. germandrée ne dérive pas avec évidence de χαμαιδρυσ,
cependant on peut jalonner sa route : *camedreos* (Gloses
du xiie siècle), et it. *camedrio*, *gamandrée* (xvie siècle) et
avec introduction de *l*, *galmandrée* (*a* se prononçant *e*
généralement) et par l'échange des liquides, germandrée.

Une des espèces est encore *T. chamœdrys*. En angl. *germander*. Plus près du radical *chamœdrys* est son nom de *chamarras*. Un de ses noms vulg. est *herbe à la fièvre*. Le grec σκορδιον, ail, a pour radical σκωρ, excrément, d'où le fr. scorie.

AJUGA, l'*ajuga*, muscade, de Pline, en fr. bugle, de *bigula*, petite buglose, en angl. *bugle;* l'*A. chamœpitys*, en fr. faux-pin, est traduit plus litt. dans l'angl. *ground-pine*, pin rampant.

VERBENACÉES.

VERBENA, verveine, de *Veneris vena*, disent des poètes hardis, mais racine inconnue, quoiqu'au fond on entrevoie le l. *virere*, puisque *verbena* désigne un rameau vert, laurier, myrthe. Pour justifier sa poétique étymologie, Linné disait que la magie l'employait pour réveiller les feux de l'amour. En angl. *vervain, pigeon's herb et holy herb*. Ce dernier mot lui donnerait un caractère religieux. On l'appelle vulg. en fr. *herbe du foie*, comme l'hépatique. C'est une des grandes herbes magiques. Ce serait aussi une plante sociale : notre maître, de Gerville, nous disait qu'on ne la trouvait guère que dans le voisinage des habitations.

UTRICULARIÉES.

UTRICULA, litt. petite outre, comme soutenue par des vésicules pleines d'air; aussi l'angl. le nomme *bladder wort*, herbe à vessie.

PINGUICULA, bien traduit du fr. grassette, ainsi dire pour ses feuilles grasses au toucher, caractère plus accentué dans l'angl. *butter wort*, la plante-beurre, plus marqué encore dans le terme vulg. *herbe huileuse.*

FRIMULACÉES.

Hottonia, du nom d'un botaniste hollandais, Hotton, professeur à Leyde, auteur du *Catal. hort. Leyd*, 1695; en angl. *wather violet*, la violette d'eau, et *feather foil*, la feuille-plume, de sa couleur blanc-rosé et de ses feuilles profondément découpées.

Lysimachia, de Lysimaque, philosophe et médecin. La *L. vulgaris* est la *chasse-bosse* et *perce-bosse*, comme guérissant les contusions et les bubons, l'*herbe aux corneilles ;* en angl. *louse-strife,* litt. qui combat les poux. La *L. nummularia* offre un nom qui traduit *herbe aux écus, monnoyère,* l'angl. *money-wort*. La *L. nemorum* est l'herbe, non pas aux *cent mots,* comme l'écrit Besnou, mais l'herbe aux *cent maux*. Nous avons trouvé à Céaux une variété de lysimaque que Brébisson a dénommée *villosa ;* il a mis au rang des espèces notre *linaria,* sous le nom de *elatine-spuria ;* nous avons appelé *chrysanthemum pudicum,* le chrysanthème dont la haute feuillaison cache toute la gorge.

Anagallis, d'ἀναγαλλις, le mouron rouge, de ἀναγελαω, rire, du moins Pline dit que cette plante excite l'enjouement. L'*A. phœnicea, mouron rouge, menuchon rouge,* en angl. *pimpernel*, le fr. pimprenelle (l. *pimpinella*) et *sphehherd's weather glass,* le baromètre du berger, qui n'est pas un nom populaire. Quant à *phœnicea* (de φοινικος, rouge de sang) avec sa variante *punicea,* il donne le fr. ponceau.

Centunculus, centenille, litt. guenille, vil objet, parce qu'elle est très commune en certains lieux ; en angl. *chaffweed*, litt. la plante pour chauffer, terme général des broussailles.

Primula, litt. la petite première (du printemps), en fr. primevère, venu par l'it. *primavera* (*prima veris*). La *P.*

officinalis est riche en noms : *fleur de coucou* (vers son arrivée), ou *coucou*, *herbe St-Paul*, *brairette*, *herbe à la paralysie* et *coqueluchon*, et c'est sans doute de la guérison de ces deux maladies qu'elle tire son épithète d'*officinalis*, en angl. *cowslip*, litt. lèvre de vache. Mais non moins riche la **P.** *grandiflora : primerolle*, altération de primerose, la première rose, et ses variantes *promerolle*, *promenolle*, *pommerole*, *pruniole;* au Teilleul, *patte-de-ver* (étym. inconnue). L'angl. a gardé le nom primitif, *primerose*, mot fr. qui ne s'applique plus qu'à la passe-rose.

Samolus, de l'île de Samos, d'après Linné, dans sa *Phil. bot.;* Valérandi, nom d'homme, vulg. *mouron d'eau*, en angl. *water pimpernel*.

Glaux, de γλαυκος, vert, en angl. *sea milk*, lait maritime, d'après le suc de ses feuilles épaisses.

GLOBULARIÉES.

Globularia, fleur à tête globuleuse, en angl. *blue daisy*, violette bleue.

PLUMBAGINÉES.

(du *plumbago europœa*, à la couleur plombée.)

Statice, de στατικη, plante astringente (στατικος, astringent). Le *S. limonium*, ou du limon, est dit vulg. *maleherbe* et *herbe au cancer*, et *maleherbe* ici fait allusion à son énergie; *dentelaire*, bonne contre le mal de dents, *lavande de mer*, comme l'angl. *sea lavander*. Le S. *armeria* offre un mot qui n'est ni latin ni grec et on ne sait pourquoi Brébisson l'a traduit par *velu*, pour le *dianthus armeria*. Une étymologie celtique est très probable, *ar-mor*, maritime, d'où l'Armor, le nom de la Bretagne. Pour le *S. armeria*, c'est bien une plante maritime, et pour le *dianthus armeria*, il est très commun au Mont-Saint-Michel et à Granville, et son frère, le *deltoïdes*, habite les landes sablonneuses de la Manche ; de même son autre frère, le *prolifer*, Besnou le signale sur la côte depuis Granville jusqu'à Carolles. Le *S. armeria* a plusieurs noms populaires : *Armelin*, qui est *armeria* francisé (*armelin* est aussi le nom vulg. du *dianthus armeria*), *pas de chat, sent-à-mal, gazon d'Olympe, herbe à sept têtes, œillet marin*. Le *S. Dodartii* est dénommé de Dodart, médecin de Louis XIV. En angl. le nom général des *statice* est *thrift*, un terme qui ne se comprend bien que par son verbe *thrive*, venir bien, en parlant des plantes.

PLANTAGINÉES. -

PLANTAGO : qu'est-ce que c'est que ce suffixe l. *ago ?* comme dans *virago, medicago*, etc. Ne serait-ce pas le verbe *agere*, dans son sens, très bon latin, de *faire*, c'est-à-dire jouer le rôle de : « *agere regem,* » *agere amicum, agere exsulem* (Tacite)? *virago,* serait celle qui *fait* l'homme, *plantago*, ce qui *fait*, imite la plante, et *medicago*, ce qui *fait* le médecin ? Aussi pour ce dernier mot, *medicago*, la luzerne, nous renions notre étymologie, celle qui en fait la plante de Médie. Quicherat en rapproche très bien *medicus*. Si l'on objectait *tussilago*, le tussilage, on répondrait qu'ici le suffixe est *lago*, qui est une forme de *laxo*, je relâche. Quoi qu'il en soit, le *Plantago major* s'appelle *rond plantain, plantain à bouquet*. Le *P. lanceolé* est le *plantain à cinq côtes* ou *à cinq coutures*, à Bayeux, *anserée*, litt. plante aux oies. Le *P. coronopus*, litt. pied de corneille, est dit vulg. *corne de cerf*. Le *P. media* s'appelle *herbe aux blessures* ou *herbe aux charpentiers*, terme générique de plusieurs plantes vulnéraires.

A propos du suffixe en *ago* nous proposerons l'interprétation d'un autre, et ces deux étymologies ne seront pas déplacées dans un livre de pure philologie. Il s'agit du suffixe *erna*, que nous prenons comme un augmentatif, comme l'it. *one :* Il y a en ce genre, dans la langue latine, une série étendue qui implique une signification générale. Voici quelques individus : *taberna*, barraque en planches, de l'archaïque *taba*, planche, litt. tout en planches ; *laterna*, lanterne, de *lateo*, litt. chose très cachée ; *veternus* très vieux ; *latrina* pour *laterna*, latrine, très caché ; *caverna*, chose très creuse ; *œternus*, qui a un très grand âge ; *diuturnus*, qui vit très longtemps ; *maternus*, *paternus*, très propre à la mère, au père ; *nocturnus*, très nuit ; *alternus*, tout-à-fait autre ; *posterna*, poterne, litt. tout-à-fait derrière ; *sempiternus*, très durable ; *subternus*, tout au-dessus ; *lucerna*, qui a beaucoup de lumière, *lux*.

AMARANTHACÉES.

AMARANTHUS, et mieux *amarantus*, d'ἀμάραντος, qui ne se flétrit pas, immarcessible, de *a* priv. et de μαράσσω, d'où le fr. marasme : vulg. *passe-velours*, c.-à-d. qui surpasse le velours, formé comme passe-rose ; *discipline de religieuse, queue de renard, roupie de dinde ;* en angl. *amaranth ;* mais l'*A. caudatus* est « *love lies bleeding,* » l'Amour gît saignant.

CHÉNOPODÉES.

BETA, la bette, en angl. *beet.* La *B. rapacea* (en forme de rave), est la betterave, en angl. *beetroot*, elle s'appelle encore *carde, poirée, racine d'abondance, de disette.*

CHENOPODIUM, mot grec qui signifie patte d'oie, traduit

en fr. par le mot latin *anserine*. Une espèce, qui est culinaire, qui entre dans le pot au feu du paysan, est dite le Bon-Henri, probabl. en souvenir d'Henri IV, et aussi *serron*, que cite Littré, mais sans étymologie, de même pour *senille*, nom générique des anserines comestibles. En angl. *goose foot*, pied d'oie, et *halgood*, bon pour guérir. Le *C. vulgaria*, de sa puanteur, se dit *herbe de bouc*. Or *serron* est litt. denté en scie, *serra*.

BLITUM, le grec ϐλιτον, en fr. blète, en angl. *blite ;* dans Plaute *bliteus*, primit. fade comme la blète, a le sens de homme méprisable. Diez en tire le fr. bélitre, mais l'étym. par *balatro*, est plus directe, pour le sens et la forme.

ATRIPLEX, arroche, mot latin que Littré n'est pas éloigné de tirer du grec ατραφαξις, arroche; mais arroche ne peut sortir d'*atriplex*, comme nous avons essayé de le démontrer dans notre *Hist. de deux préfixes*, en le rattachant à un mot très répandu et appliqué aussi à la plante nourricière dont la forme *arosse* est celle qui se rapproche le plus. V. dans les LÉGUMINEUSES. Mais *atriplex* est resté dans l'it. *atrepice*, dans le wallon *aripe*, pour *ariple*. En angl. *orach ;* vulg. en fr. *poulette*, et à Coutances *essemille*, du patois *essemiller*, disséminer, du l. *ex seminare*. L'*A. hortensis* est la *bonne-dame*, de ses propriétés bienfaisantes, et *follette*, de l'agitation de ses grappes. L'*Atriplex halimus*, commun aux environs d'Avranches, a pour nom pop. *pourpier de mer*.

SPINACIA, du l. *spina*, épine, des épines du fruit. La forme fr. épinard n'est pas régulière; ce devrait être *épinac* ou *épina*, comme dans ces trois langues : catal. *espinac*, esp. *espinaca*, it. *spinace*.

SALSOLA, la soude, de la salure de la plante, de même en angl. *salt-wort*, plante-sel, et *glass-wort*, plante à faire le verre. Le fr. soude ne peut sortir de *salsola* qui d'ailleurs n'est pas latin; mais du bas lat. *soda*, prob. de *solida*, car le v. fr. disait *soulde* et *soulte*. Quant à *kali*, c'est un terme arabe, (acide), d'où l'*alcali* par doublement de l'article fr. et de l'article arabe. Le grec τραγυς, bouc, désigne la soude comme épineuse: aussi son ancien nom fr. était boucard.

ARTHROCNEMUM, litt. jambe articulée; POLYCHNEMUM, de κνημη, jambe.

SALICORNIA, mot forgé, composé de *salis-cornu*, parce que ses articulations sont surmontées de deux pointes, dit Linné; aussi l'appelle-t-on *boucard*. Quant à criste-marine, mot où un écrivain distingué a vu le mot Christ, c'est pour *crithme-marine, crithmum maritimum* (κριθη, grain d'orge, d'après la forme de ses fruits). Le fr. vulg. *herbe de Saint-Pierre* nous conduit à l'angl. *samphire* (pron. sam-fir) pour saint Pierre, prononcé *saint Pir*.

POLYGONÉES.

POLYGONUM, à cause des nœuds de la tige. Renouée (*renodata*), traduit bien ce mot; bistorte, de sa racine très contournée : « aiant leurs racines entortillées, » comme dit O. de Serres. Le *P. persicaria* a des feuilles semblables à celles du pêcher, vulg. *curage*, parce que c'est la plante la plus abondante dans les fossés que l'*on cure*. Le *P. hydropiper* est le poivre d'eau, vulg. *torche-cul du diable, pimeur* (piment), en angl. *water pepper* (πεπερι, mot indien), et *arse-smart*, qui cuit le derrière. Le *P. aviculare*, se dit vulg. *trainasse*, de sa tige trainante et enchevêtrée, *tenue*, de sa tige filiforme, *cochenaille, herbe à cochon*, et *tire-goret;* en angl. *knot grass*, l'herbe à nœuds. Le *P. fagopyrum* est composé de φαγος, faîne, et de πυρος, blé,

c.-à-d. blé en forme de faîne, vulg. sarrasin, *blé noir,
carabin,* où nous croyons voir le péjoratif *car* et *arabe,*
son pays présumé d'origine, d'après le terme sarrasin.
Cependant cette plante, qui n'est pas d'introduction très
ancienne (xvɪᵉ siècle), ne vient nullement du midi, mais du
nord-est, comme son congénère le sibéri (*P. tataricum*),
abrégé en *sibri* dans le nord de la Manche. D'où vient donc
le mot sarrasin? C'est de Candolle qui en a donné l'étymologie : blé sarrasin sign. blé noir, les Sarrasins et les
Maures offrant cette couleur. En angl. son nom est *buckwheat,*
litt. le blé du chevreuil. Le fr. a eu aussi un mot de même
nature, *bucail,* que O. de Serres tire du holl. *bockent,* en
l'altérant : lisez *bock-weit.* Enfin un polygonum se dit pop.
vrillée, de ses tiges en vrille, en spirale, d'où son nom
scientifique *P. convolvulus.*

Rumex a un double sens en latin : espèce de dard et
espèce d'oseille : on a pu passer par analogie de l'arme au
végétal. En effet l'espèce la plus commune est dite *acutus,*
c'est la doche, mot tellement connu que l'on s'étonne de ne
pas le voir dans le dictionnaire de Littré; en norm. *doque,*
de même en angl. *dock.* Le nom de doche ou *doque* est
ancien : un document norm. du xɪɪɪᵉ siècle cite « la delle
(domaine terrien) des grandes dogues. » Nous lui croyons
une origine celtique : c'est l'*odocos* des formules de Marcellus. Le nom de *patience* est appliqué à cette espèce, ainsi
que celui de *parée :* patience ou mieux *la patience* est une
altération du nom pharmaceutique de quelque espèce voisine, c.-à-d. de *lapathum,* qui reste dans l'espèce aqua-
tique, *hydrolapathum* (du grec λαπαθον, oseille), et qui était
lapathium, en latin populaire, une forme qui se trouve
dans Varron et dans Isidore. Pour obtenir *la patience* il
faut supposer que la forme lat. *lapathos* subit le même
changement que celle de *lapathium :* de *lapathios* à la patience il n'y a pas loin. Quant à *parée,* c'est pour *parelle,*

qui vient du lat. archaïque *paratella*, la plante des prés et en
général les *rumex* habitent les lieux frais et humides. On
appelait la doche dans les officines *herba britannica*, parce
qu'on voyait en elle cette *herba britannica* dont parle Pline,
au moyen de laquelle l'armée que Germanicus comman-
dait en Hollande fut guérie du scorbut. Il est plus probable
que ce fut avec le *cocklearia armoriaca*, plante antiscor-
butique qui ne manque pas de ressemblance avec l'*hydrolapathum*. Le *R. sanguineus*, d'après son suc rouge, est le
sang de dragon, un nom légendaire. En angl. *blood wort*,
l'herbe au sang. Le *R. acetosa* est l'oseille, qui tire son
nom du dim. *acetosella*, avec ses synonymes *grande surelle*,
aigrette, *vinette* (parce que l'épine-vinette est acide). Le
R. acetosella a plus de synonymes encore : *petite oseille,
oseille de brebis, de crapaud, petite vinette, petite surelle,
rocciole* (amie des rocs). Ce nom de surelle a passé dans
l'angl. *sorrel*.

TYMELÉES.

(de Θυμελαια, en l. *tymelæa*, le garou).

Daphne, ainsi nommé de sa ressemblance avec le laurier,
δαφνη; *laureola*, litt. petit laurier, vulg. *laurette, lauriole*
mâle, *garou*. Le *D. mezereum* offre un terme persan, *madza-
rayoum;* ses noms français sont *bois-gentil, lauréole
femelle, mezéreon, tymelée*. Mrs Laudon a énuméré ses
appellations familières dans différentes langues : « Daphne
has pet names in almost every language. The French call
it *genteel vood;* the Italians the *fair plant;* the German
silki bark and even the grave Spaniards term it the *lady
Saurel*. »

Stellera, du botaniste suédois, Steller : *passerina*
indique que la graine a la forme de la tête d'un moineau,

en angl. de même, *sparrow wort*, vulg. en fr. *herbe du moineau.*

SANTALACÉES.

(de σανταλον, santal, arbre).

THESIUM, litt. la plante de Thésée, en angl. *toad flax*, lin de crapaud.

ELÉAGNÉES.

(de ἐλεα, olivier, et d'ἀγνος, *l'agnus castus*).

HIPPOPHAE, d'ἱππος, cheval, et de φαω, tuer, par allusion à ses propriétés vénéneuses ; en fr. argousier, pour lequel Littré n'a pas d'étymologie. Ce pourrait être une altération d'arbousier, d'après la ressemblance des baies globuleuses de ces deux arbrisseaux : *faux-nerprun*, *griset*, de son écorce grisâtre, *saule piquant*, *épine marine*, de sa station dans les lieux sablonneux maritimes ; en angl. *oleaster*, faux olivier, et *wild oil*, olivier sauvage.

ARISTOLOCHIÉES.

ARISTOLOCHIA, d'ἀριστολοχια, herbe qui facilite l'accouchement (λοχια), aristoloche, en angl. *birth wort*, litt. la plante à l'enfantement.

ASARUM, de ἀσαρον, nard sauvage, de ἀση, nausée, et d'ἀρον, l'arum, parce que cette plante, ainsi que l'indique aussi, dit-on, son nom fr. de cabaret, était employée pour faire rejeter le vin pris avec excès, vulg. *oreille* d'homme, à cause de ses feuilles réniformes. Toutefois le terme cabaret

est trop incomplet et trop elliptique ; c'est plutôt une forme
de camaret, plante différente, il est vrai ; mais toutes deux
ont des fleurs d'un rouge noirâtre, sont à souche rampante
et habitent des lieux frais. Quant à l'introduction du *b* elle
est naturelle, comme dans comble qui vient de *cumulus*,
comme dans chambre, qui vient de *camera*.

URTICÉES.

Ficus, selon Vossius, d'un mot hébreu désignant le
figuier ; *carica*, indique un pays d'origine, la Carie. En
angl. *fig ;* du l. fém. *ficus*, dérive le fr. masc. le fic, excroissance semblable à une petite figue, et à cette famille de
mots se rattachent la Ficaire, dont le tubercule offre la
même ressemblance, et la locution « faire la figue, » se
moquer, braver, litt. en imitant une figue avec le pouce
passé entre les deux premiers doigts. Cette locution semble
conduire naturellement à « faire fi », mais ce dernier mot est
l'interjection latine *fi*, *phy*, avec un sens un peu différent.

Morus, mûrier, Littré blâme avec raison ce circonflexe ;
le fruit est la mure, mieux en norm. *moure :* le v. fr. disait
meure, qui est resté dans plusieurs patois ; l'organisme
vocal répugne au son *u* qui est essentiellement du français
littéraire. L'angl. a changé *meure* du fr. en *meul* et l'écrit
mul en l'associant à *berry*, baie : *mulberry*. Le sens prim.
du l. *morus*, mûrier, est noir ; le rad. *mor*, *morus*, est
dans un grand nombre de langues. Sa famille est riche
en fr. : moreau, noir foncé ; morelle, le *solanum nigrum ;*
more, moresque ; *mouret* et *moret*, en norm., le fruit noir
de l'airelle ; morille, champignon jaune-brun ; morillon,
raisin noir ; *morine*, essence du mûrier ; *moureau*, nom
vulg. du rouge-gorge ; *mourier*, mésange à longue queue ;
mouron, salamandre, dont une espèce est noire ; mouron,
l'*anagallis cærulea*, presque noir, etc.

Urtica, du l. *urere*, brûler, en fr. ortie ; l'*urtica urens* est l'ortie-grièche, ce dernier mot n'est resté que dans ortie-grièche et dans pie-grièche et on y a vu le sens de *grecque*, terme d'origine, mais nous y voyons le sens de méchant, douloureux, et nous le rattachons au v. fr. *grief*, du l. *gravis*, au fém. *griève*. En angl. ortie se dit *nettle*.

Parietaria, du l. *parietis*, c'est la plante des murailles et des pierres, et par calembourg *herbe St-Pierre ;* vulg. encore *casse-pierre, perce-pierre, herbe de nonne*, sans doute parce qu'on la croyait anti-aphrodisiaque, en v. fr. *péritoire*, forme qui conduit à l'angl. *pellitory*.

Humulus, litt. qui rampe sur la terre (*humus*), en fr. houblon où le *b* est introduit d'une manière normale, et aussi hoblon et de cette forme à l'angl. *hop*, à l'all. *hopfen*, au bret. *houp*, il n'y a pas loin ; *lupulus* est le dim. de *lupus*, croc, plante accrochante, et dans Pline *lupus salictarius*, litt. liane du saule, désigne le houblon.

Cannabis, en grec κανναϐις, de καννα, roseau, plante creuse, en fr. chanvre, qui a cessé d'être féminin ; le breton *kanab*, l'it. *canape*, sont plus près du radical. Le norm. dit *cambre*, pour cambe, bien voisin de *cannabis ;* dans l'Avranchin on prend l'effet pour la cause et on l'appelle *filasse*. A Bayeux, une chennevière est une *canivière*, et d'un certain ménage on dit : « c'est comme la canivière au diable, le mâle et la femelle n'y valent rien. » Les tiges sèches s'appellent *canniboltes*, ce qui s'applique en général à toute les tiges fistuleuses, spéc. à celles des ombellifères.

SANGUISORBÉES.

Alchemilla, la plante des alchimistes, qui recueillaient la rosée sur ses feuilles, pour la transmuer : vulg. *perce-*

pierre des champs; aphanes, litt. invisible, d'après sa petitesse. L'angl. *parsley-pert* est composé de *parsley*, persil, et de *pertuse*, percé, d'après sa feuille trifide.

SANGUISORBA, de sa vertu médicale, vulg. *grande pimprenelle;* en angl. *burnet.* c.-à-d. la brunette, de la couleur de ses fleurs.

POTERIUM, de ποτηριον, coupe, d'après son calice resserré au sommet, en fr. pimprenelle, un mot déjà expliqué, du l. *bipinella.*

HIPPURIDÉES.

HIPPURIS, litt. en grec, queue de cheval, d'après ses feuilles linéaires, verticillées, c'est la traduction de son nom pop. *queue de cheval*, auquel s'ajoutent *pesse* et *pesse d'eau*, d'après une ressemblance avec le sapin, le *picea*, qu'on écrit à tort *epicéa*, du l. *pix, picis*, poix.

CERATOPHYLLÉES.

CERATOPHYLLUM, litt. feuille en corne, de ses dentelures épineuses, en fr. cornifle, qui est prob. une altération de cornicule (cornicle), petite corne.

CALLITRICHINÉES.

(mot mal fait : on propose *callitrichées*.)

CALLITRICHE, litt. la belle chevelure, d'après ses tiges filiformes, vulg. *fil-d'eau, étoile d'eau, étoile* de printemps ; ces deux noms font allusion aux feuilles en rosette de l'espèce la plus commune, plutôt qu'à ses fleurs peu apparentes.

EUPHORBIACÉES.

EUPHORBIA, d'ευ φορβη, bonne nourriture, par une confusion très ordinaire avec une autre plante alimentaire ou fourragère; mais il y a une autre étymologie, qui semble faite après le mot naturel : « Sa vertu, dit Dioscoride, a été reconnue du temps du roi Juba, qui en a écrit un ouvrage... c'est pour cela, dit Pline, qu'on lui a donné le nom de son médecin, Euphorbus, frère de Musa, médecin d'Auguste » (qui a donné son nom au palmier, *musa*). L'*E. palustris* est l'épurge et la *grande ésule*, étym. inconnue, en angl. *spurge;* le peuple fr. dit aussi *purge* pour purgation. L'*E. sylvatica, lait de pie, herbe à la faux,* comme vulnéraire, *pis de chien*, dans la Hague *triette*, nom analogue à celui de *trian, tran,* (de *trahere*, traire), pour le pis de la vache. L'*E. lathyris* (de λαθυρος, vesce) est aussi l'*épurge (expurgare)*, et *catapuce*, mot savant, litt. contre les puces. L'*E. helioscopia*, parce qu'elle se tourne vers le soleil, pop. réveille-matin, comme indiquant le point du jour, et *herbe aux verrues*, terme qui d'ailleurs s'applique à toutes les euphorbes, pour leur suc caustique, qui brûle les verrues. L'*E. peplus* est le grec πεπλος, pavot, de sa tête ronde, qui lui vaut aussi le nom d'*omblette*, petite ombrelle. L'*E. paralias*, de παραλιος, maritime, vulg. *herbe à la biche.*

MERCURIALIS, comme consacrée à Mercure. La *M. annua*, comme purgative, a beaucoup de noms : foiroude (l. *foirouse*), *foirolle, cagarelle, caquenlit ;* en angl. *mercury ;* à Bayeux, *mélimélot*, c.-à-d. pêle-mêle ; à Jersey, *la têtue*, prob. de sa persistance à pousser et à repousser. Toutefois la métaphore est rare en philologie, science réaliste.

BUXUS, buis, en norm. *bouis ;* en norm. *guezette*, qui se dit aussi du laurier des Rameaux, mot imitatif des arbustes à feuilles bruyantes ; en angl. *box.*

JUGLANDÉES.

Juglans, litt. *Jovis glans*, gland de Jupiter : le fruit du noyer ou porte-noix s'appelle *noix-gaugue*, d'où l'arbre lui-même est dit *gauguier*, de même en v. fr. *gaughier* dans le *Gieus* de *Robin* et de *Marion*. Ce mot peut venir de *wall*, facilement changé en *gall*, d'où serait sorti *gaulier* : racine, l'ancien all. *wale*, exotique, qui n'est plus usité, d'où *welche*; cette noix est originaire de Perse. Il est vrai cependant que l'all. dit *wall-nuss*, et l'angl. *wal-nut*, litt. noix étrangère.

AMENTACÉES.

(d'*amentum*, courroie, parce que de leur écorce on faisait des lanières.)

Ulmus, orme, en norm. *ourme*, et avec le dim. *ourmet*, ormeau, en angl. *elm*; Besnou cite *ormelle* pour le *U. major*, et *tortillard* pour le *tortuosa*.

Fagus, hêtre, en grec φαγος, de φαγω, son fruit, la faine (*fagina*) étant comestible; le fr. hêtre vient, dit-on, du l. *ostrya*, grec 'οστρυα, espèce de frêne, mais très difficilement, à cause de l'aspiration; plutôt du bas-all *hester*, jeune hêtre. L'angl. *beech*, hêtre, est aussi de la famille germanique : saxon, *bece*, all. *buche*. La famille latine, celle issue de *fagus*, persistante dans l'it. *faggio*, s'est presque éteinte en fr. où ne subsiste que le dim. fouteau, v. fr. *foutel*, d'où le mot vulg. *foutelaie*, bois de hêtres, d'où l'on a voulu tirer à tort le fr. futaie; celui-ci, qui du reste a un sens plus étendu, vient du v. fr. *fust*, bois, et le *s* s'est conservé dans l'allongement de la première syllabe. La famille latine renferme ces mots pop. qui sont aussi du v. fr.: *fao, fau, foie, fayard, foyard, fayeau*. Près

Valognes, le village la Croix-des-Faus. En angl. la faine se dit *buckmast*, litt. le manger du chevreuil, *mast* désignant en général le fruit des arbres forestiers. L'angl. a toute une famille de noms de plantes consacrée au chevreuil : *buckthorn*, le nerprun, litt. l'épine du chevreuil, *buck's-horn*, le coronope, litt. la corne du chevreuil; *buckwheat*, le sarrasin, litt. le froment du chevreuil, etc.

CASTANEA, châtaignier, nom congénère du grec χαστανον; en angl. *chestnut*, formé du gallois *cast*, enveloppe, litt. noix à bogue.

QUERCUS, rad. latin dont l'adj. *quernus* a donné le v. fr. et patois *quéne*, et avec le chuintement, le fr. chêne; en angl. *oak*, en all. *eiche*; les noms vulg. fr. sont *rouvre* (le l. *robur)* avec les variantes *roure, robre, roble; garrie*, du v. fr. *garrigue*, lande pierreuse : toutefois ce mot, ainsi que celui de *aurelin* (de sa dureté?) s'applique plus particulièrement au *Q. sessiliflora*, ainsi que *chêne blanc;* le *Q. pedunculata* est le chêne rouge : son nom de *gravelin* est comme celui de *garrie*, tiré du sol pierreux où vient le chêne, litt. qui aime le sol graveleux.

CARPINUS, charme, en plusieurs patois *charpe* et *charne*, et même *charpenne*, mais le fr. est sorti de la forme directe de *charpne;* en angl. *hornbeam*, litt. bois à corne, c.-à-d. à corne de bœuf, propre à faire ce joug, qui se place sur la corne des bœufs, signification qui est à peu près celle du synonyme *yoke-tree*, bois à joug. Dim. *charmille.*

CORYLUS, coudrier, mot que Littré tire de *corylus*, mais qui ne peut venir que d'une forme dérivée, *corylarius*, par *coulrier:* vulg. *coudre*, sub. fém.; en angl. *hazel*. nom d'origine germ., comme presque tous les noms d'arbres. L'épithète *avellana*, d'où le fr. aveline, vient d'Avella, ville de Campanie.

Salix, saule, en patois norm. *saulx, saux*. « *Sic dictum quod salit et surgit citò* » étym. fantaisiste de Servius (in Virg. Ecl. i). Le *capræa* est dit *marsaulx*, litt. non pas saule mâle, mais mauvais saule, c'est le plus commun; pour son autre nom vulg. de *boursaulx*, Littré dit : « saule en boule ou en bourse », ce quesa forme ne justifie nullement : pour nous c'est, comme marsaulx, une expression péjorative, composé du préfixe *gour*, qui est dans gour-gousser, gour-mander, etc. V. notre *Hist. de deux préfixes*, 33. Besnou donne encore *vordre*, étym. inconnue. Le patois *civelle* et *civette* se dit aussi du *S. capræa*, d'une vague ressemblance avec la *cive* (*cœpa*). Le *S. alba*, vulg. *osier blanc* est pour Besnou *plomblanc*, sens inconnu sous cette forme. Le *S. vitellina*, il l'appelle *osier jaune* et *amarinier* (étym. inconnue); c'est l'osier des jardiniers : pour ce mot osier, bien des étym. ont été proposées : nous croyons que c'est le breton *aozil*. Le *S. repens*, vulg. *saugereau*, altération de saulereau, dim. Le *S. purpurea*, vulg. *verdiau*, litt. un peu vert, mot qui cependant conviendrait mieux au *capræa*, qui est vert grisâtre. L'angl. a deux termes pour le saule : *willow*, du saxon *welig*, et *sallow* dans lequel il faut voir l'adj. *sallow*, jaune, qui désigne plus spéc. l'osier.

Populus, peuplier, qui suppose *popularius*, comme coudrier suppose *corylarius* (coulrier), en angl. *poplar;* le vulg. dit très bien le *peuple*, qui est altéré en *pible* dans Bern. de Palissy : « pibles ou populiers. » Le *P. alba* est vulg. *aubier, aubeau, aubel, auberelle; ypréau*, de la ville d'Ypres en Hollande, d'où *blanc de Hollande*. Le *P. tremula*, tremble, angl. *aspen*, du saxon *aespe*. Le *P. nigra* est *liard* qui en v. fr. sign. gris, mais plutôt apocope de *peupliard*, forme du Berry (Gloss. Jaubert) qui conduit aussi à l'angl. *poplar;* vulg. encore *bule, bugle* et *bouillard*, formes de *betula*, bouleau, et enfin *griset*, de son écorce grisâtre.

Betula a donné régulièrement *boule*, et bouleau en est le dim. Le v. fr. disait *boul*, c'est aussi le norm. prononcé *bou* et selon la *Flore de Norm.*, *bû*. En Basse-Norm., un *bou* sign. en général faisceau de branches pour fouetter : « Femme couchiée et bois de bou, on n'en vit jamais le bout. » Cependant on dit aussi en norm. *boulard*, forme péjorative; en angl. *birch*, en all. *birk*.

Alnus, aulne et aune, appelé généralement *vergne* : « les aulnes ou vergnes apportent teinture noire » dit B. de Palissy ; « aulnes ou vernes » dit O. de Serres. Ce mot ne vient pas du l. *viburnum*, qui ne peut donner que viorne, mais du celtique : *guern* en breton, *guernen* en cornique, *feorne* en irl. et *vern* en catalan. En angl. *alder*, très voisin de *elder*, le sureau.

Myrica, du grec μυρον, parfum, dont la forme μυρρα donne le fr. myrrhe ; son nom spéc. de *gale* est l'angl. *gale*, brise, émanation ; les Ecossais appellent *sweet gale*, le doux gale, cet arbrisseau odorant, vulg. en fr. *saule d'odeur*, *faux saule*, *vausaule* pour gau-saule, litt. faux saule, *piment royal* et *des marais*, *myrte bâtard*, *herbe aux puces*.

Platanus, platane et plane, du grec πλατυς, de la largeur de ses feuilles.

CONIFÈRES.

(Litt. qui porte des cônes.)

Juniperus, génévrier, de *junior* et de *pario*, parce qu'il porte de nouveaux fruits, pendant que les anciens mûrissent ; vulg. *genèvre* et sa liqueur est le genièvre, pop. *dgin*, comme l'ang. *gin* ; vulg. encore *petrillon* et *petrot*, comme aimant les terrains pierreux ; Besnou donne *cude*, qui cependant ne désigne que le *J. oxycedrus*. En angl. *juniper*.

Cupressus est le grec κυπαρισσος. Pinus offre le radical très répandu, *pinn*, pointe. Laricio est le l. *larix*, sapin. Taxus a été tiré de ταξις, d'après l'ordre des feuilles, mais il est d'origine celtique : *irin*, breton, angl. *ivy*, gallois *iu*. Sapin, du l. *sapinus*, dérivé de *sapa*, litt. l'arbre à la sève, à la résine. Mélèze, fem. à Genève, litt. la *mielleuse*, de son suc assimilé au miel. Epicea, formé par l'agglutination d'une partie de l'article, l'*epicea* pour le *picea*, le faux sapin, forme qui a donné le fr. pesse.

HYDROCHARIDÉES.

Hydrocharis, litt. la grâce des eaux, morrène, du l. *morsus ranæ*, qui devrait s'écrire morraine, traduit de son nom vulg. *grenouillette*, en angl. *frog-bit*, litt. morsure de la grenouille.

ALISMACÉES.

Sagittaria, de *sagitta*, des feuilles en fer de flèches, vulg. *fléchière*, *sagette*, *queue d'arronde*, en angl. *arrow-head*, litt. tête de flèche.

Alisma, le grec ἀλισμα, en fr. flûteau, de sa hampe droite arrondie, vulg. *plantain d'eau*, de même en angl. *water plantain*.

Butomus, βουτομος, parce que les bœufs aiment cette plante, vulg. *jonc fleuri*, comme en angl. *flowering rush*.

JONCAGINÉES.

C'est Tournefort qui a créé le mot *juncago*, comme d'autres botanistes avaient inventé *medicago*, *borrago*, *plan-*

tago. Du reste, c'était bien dans le sens du latin où cette finale péjorative *ago* signifie fausse ressemblance, comme *virago*, ou faux-homme, comme *lappago*, faux-lappa, *farrago*, fausse-farine, *lanugo*, fausse-laine, *melligo*, faux-miel, *selago* : ce suffixe représente le verbe *ago* dans le sens de jouer le rôle de ; ex.: « *agere regem* ».

Triglochin, de τρεῖς, trois, et γλωχις, angle, ce que traduit bien le fr. troscart, vulg. *faux jonc*, en angl. *marsh arrow grass*, litt. herbe-flèche de marais.

POTAMÉES.

(de ποταμος, rivière, plantes des étangs.)

Potamogeton, de γειτων, voisin, litt. plante voisine des rivières ; les potamots se nomment *épi d'eau*, *bec d'oie* ou *de pirotte*. Ce dernier mot, non contracté de Pierrotte, comme on l'a dit, est le patois norm. pour oie et dérive de son cri, que les enfants imitent en criant *perette* : ils appellent aussi une *perette* le gosier extrait de l'animal et auquel ils font rendre le cri *perette* ; en angl. *pond-weed*, la plante des mares.

Ruppia, de Rupp, botaniste allemand, auteur de la *Flore d'Iéna*, 1718. En angl. *horned pond-weed*, ce qui traduit la R. à bec, ou *rostellata*.

Zannichellia, de Zannichelli, botaniste vénitien, auteur de *Hist. plantarum*, 1771.

NAYADÉES.

Nayas, nayade, de Naias, déesse des fontaines.

Zostera, de ζωστήρ, ceinture, d'après ses longues feuilles, en fr. zostère, vulg. *herbet*, *pailleute (paleola)*, *plisse* et *plise*, de la plissure de ses feuilles. A Coutances, *verdière* et *verdure*. Les Anglais l'englobent dans les varechs : *grass wreck*, herbe-épave.

LEMNACÉES.

LEMNA lenticule, de λεπνα, écaille, vulg. *lentille d'eau, grains de grenouille*, en angl. *duck-weed*, l'herbe au canard. Les lemnacées et d'autres plantes nageantes portent le nom pop. de *ganille*, *canille*, où nous voyons celui de guenille, de leur forme en lambeaux, quand on les extrait.

ORCHIDÉES.

ORCHIS, d'όρχις, testicule, des tubercules arrondis de la racine, en it. *amor di donna*, en angl. *orchis*; en fr. vulg. *pentecôte*, de l'époque de la floraison ; *pain de couleuvre*, en norm. *quillieuvre; bouterelle*, du v. fr. *botterel*, crapaud. Pour les espèces, le *satyrium* est le grec de σατυριον, la plante-satyre, et son nom nouveau est *aceras*, litt. sans cornes, par absence d'éperon : le *morio* est le grec μωρίον, folie, appliqué à la mandragore, vulg. testicules ou *couilles de chien*; le *coriophora* sign. porte-punaise, d'après son odeur ; le *cimicina* est l'adjectif de *cimex*, punaise ; l'*hyrcina* est le *satyrion bouquin*.

ANACAMPTIS, mot grec qui sign. recourbé, d'après la forme de l'éperon.

LIMODORUM, de λειμων, prairie, et de δωρον, présent.

HERMINIUM, de έρμιν, pied de lit, de la forme du tubercule. Cf. le pléonasme Lathræa et Clandestine.

CEPHALANTHERA, grec, litt. anthère en masse, en forme de tête.

Ophrys, d'ὀφρυς, sourcil, sommet, hauteur, litt. plante des collines; l'*O. myodes* sign. la plante mouche, en angl. *fly orchis*.

Epipactis, du gr. επιπακτις; en le définissant, herbe contre les poisons. Dioscoride n'en donne pas l'étym. En angl. *helleborine*. L'*E. serapias* était une espèce d'orchis consacrée à Sérapis; l'*E. palustris* est en angl. *bog-orchis* et l'*ovata* est *two blades*, ou *twain blade*, les deux sabres.

Listera, de Lister, botaniste anglais.

Neottia, de νεοττια, nid d'oiseau, dont *nidus avis*, le terme spéc., n'est que la traduction, en angl. *bird's nest*.

Spiranthes, litt. fleur en spirale, en angl. *lady's traces*, l'empreinte des pas de la Vierge.

Liparis, du grec λιπαρος, beau.

Malaxis, de μαλαξις, mollesse, plante molle.

IRIDÉES.

Iris, d'ιρις, l'arc-en-ciel, en fr. glaieul et glajeul, du gladiolus, de ses feuilles ensiformes; vulg. *lageu*, altération de glajeul, *flambe*, *pare* et *parée*, à Avranches *pareille*, parce qu'on en jonchait les pavés les jours de certaines fêtes, *grande laiche*; en angl. *flag-flower*, ou fleur-pavillon, *fleur de luce* (fleur de lys). Le terme *acorus* représente le grec ακορον, la calange, herbe. L'iris fétide est vulg. *iris gigot*, comme sentant la viande un peu faisandée.

Ixia, d'ιξος, glu, parce qu'une espèce en fournit; *bulbo-codium*, de βολβος, bulbe, et κωδιον, laine, litt. plante bul-beuse, avec filaments capillaires; en angl. *petticoat*, jupon, et *hoop*, cerceau ou panier de jupon. Son nom nouveau *trichonema*, vient de τριξ, cheveu, et de νημα, filament.

NARCISSÉES.

NARCISSUS, le grec ναρκισσος, narcisse, de ναρκη, torpeur, parce que l'odeur de ses fleurs assoupit. Le *pseudo-narcissus* est vulg. *porillon*, contracté en *porion*, litt. petit poireau, de la ressemblance par les feuilles; en angl. *daffodil*, altération du fr. asphodèle (ασφοδελος, narcisse), avec la fusion de la préposition : « fleur d'asphodèle ». Linné a nommé le N. à bouquet *N. tazetta*, parce qu'il offre la forme d'un godet, en it. *tazzetta*, la petite tasse. Le *N. poeticus* est la *Jeannette des comptoirs*. Autres noms pop. français : *ayaux*, litt. des *ails* ou mieux aulx, *chaudron*, de la forme en godet, *bonhomme, coquelourde, marteau*.

LEUCOIUM, de λευκος, blanc, trad. par le fr. nivéole, lequel est l'angl. *snow flake*, flocon de neige. Cette fleur était dédiée à Ste Agnès, comme symbole de pureté, ce qui explique son nom pop. de *pucelle*, appliqué aussi à la plante suivante.

GALANTHUS, mot grec, litt. fleur de lait; le *G. nivalis* est la perce-neige, en angl. plus poétiquement encore, *snow drop*, goutte de neige.

LILIACÉES.

(du l. *lilium*, en grec λιριος, lis.)

TULIPA, mot turc, d'après son pays d'origine : O. de Serres dit de *tulipan*, turban, Littré donne *tolipend*.

PHALANGIUM, la phalangère, de φαλαγγιον, tarentule,

espèce d'araignée, divisée en phalanges, et φαλαγγιον était
la plante qui guérissait de sa morsure ; aussi l'appelle-t-on
l'*herbe à l'araignée*. On la nomme aussi *lis S. Bruno*,
comme commune dans le Dauphiné, près de la Chartreuse :
« cloître où de St Bruno les disciples cachés... »

Scilla, de σκίλλα, oignon marin, or le *S. autumnalis*
affectionne les dunes et les falaises, en bas-l. *squilla*, qui
est dans le capitulaire *de villis*, d'où l'angl. *squill*, avec le
synonyme *wild hyacinth*, mais le *S. nutans* est appelé
blue-bells, clochettes bleues. Le *S. hyacinthus* représente
ὑάκινθος, nom d'un jeune homme tué par Apollon et changé
en cette fleur.

Agraphis est la traduction grecque de *non scriptus* appli
quée à une hyacinthe, l'Endymion, dédiée au berger de ce
nom.

Muscari, de son odeur de musc, d'où son synonyme
hyacinthe musquée : le *M. racemosum* est en angl. *grape
hyacinth*

Ornithogalum, d'ὀρνιθογάλον, litt. lait d'oiseau ; l'*O. pyramidale* s'appelle donc *épi de lait* et aussi *épi à la Vierge*,
autrefois *heliocharmos*, joie du soleil. L'*O. umbellatum*
est la *dame d'onze heures*, comme s'épanouissant vers cette
heure ; en angl. *star of Bethlehem*, étoile de Bethléem.

Gagea, de Gage, voyageur irlandais du xvii⁰ siècle.

Allium, ail, mot lat. assez voisin du grec αγλις, gousses
d'ail. L'*A. ursinum*, sans doute comme aimé des ours, se
dit en angl. *buckrams*, ail sauvage, litt. rameau du chevreuil : c'est un hybride latino-germanique, composé de
buck, chevreuil, et du v. fr. *rains*, branche, du l. *ramus*,

l'anglais ayant gardé le *s* caractéristique de l'ancien nominatif fr. Il se dit aussi en angl. *garlike*, composé du péjoratif celtique *gar* et du radical *leek*, qui en angl. signifie poireau : c'est donc faux poireau ou mauvais poireau. L'*A. vineale* est *aillet, aillot*, petit ail. L'*A. cepa* offre le mot *caput*, d'après son capitule, et le fr. ciboule vient du dim. *cepula*. Le fr. poireau vient du l. *porrum*, or le peuple dit *porreau*, à Avranches *porrée*, s. f., en vieil angl. *porridge*, dont le suffixe représente sans doute la finale diminutive, comme dans *porrille* (v. porillon à *Narcissus*) et *porret* en cette langue désigne l'échalotte. Ce dernier mot signifie l'oignon d'Ascalon ; on appelle vulg. cet oignon *appétit*. Le fr. oignon est le l. *unio*, perle. La rocambole offre un nom germanique : *rockenbollen*, litt. oignon du seigle, parce que ses bulbes ressemblent aux bulbes du chiendent à chapelet qui vient dans les seigles et autres céréales. Cf. *cibol* et *chibol* en norm., ciboule.

Naʀᴛʜᴇᴄɪᴜᴍ est le grec ναρθηκα, boite à parfums, litt. boite à nard, d'après sa capsule, et le nom d'*ossifraga*, sign. orfraie, sans doute des filets barbus des étamines ; le mot *orfraie*, litt. qui brise les os, présente la permutation rare de *s* en *r*.

ASPARAGÉES.

Asᴘᴀʀᴀɢᴜs, le grec ἀσπαραγος, asperge, en angl. *sparagrass, sparowgrass* et *sparage*, formes d'*asparagus*, qui s'abrège aussi en *sparagus* en anglais.

Pᴀʀɪs, parisette et pariette, l'herbe à Pâris, le fils de Priam, ou *raisin du renard*, ou *étrangle-loup*. Les Anglais l'appellent aussi *herb Paris* et de plus *true-love*, litt. l'amour vrai.

Convallaria, litt. la plante des vallées, mot tiré sans doute de ce passage biblique : « *ego sum flos campi et lilium convallium,* » du moins les Anglais l'appellent *lily of the valley*. Le *C. polygonatum* est le *genouillet*, d'après les articulations de la racine, et aussi *sceau de Salomon*, en angl. *Salomon's seal;* mais le mot vraiment pop. est *signet*, litt. petit sceau; on trouve que les anneaux de la racine figurent cet objet. Mais pourquoi de Salomon? « *The name alludes to the roots which, when cut, have the appearance of hebrew caracters.* » Le *C. maialis* est le muguet, litt. le musqué, du v. fr. *muge*, musc.

Mayanthemum, litt. la fleur de mai.

Ruscus, le l. *fruscus : « horridior frusco »* (Virg.), le buis piquant. Le *R. aculeatus* a plusieurs noms vulg.: *petit-houx, fesse-larron, herbe aux langues*, de la forme de ses feuilles, *houx-fragon* et *fregon*, mot que du Cange met sous le bas-lat. *froncina*, formes issues du l. *fruscus;* quant à houx-frélon, il dérive de houx-fregon, permutation très rare sans doute, mais plus probable que l'assimilation que Littré fait de frélon, plante, avec frélon, insecte. La forme *vergonier*, usitée à Coutances, et *vergandier* offrent la métathèse de *frégonier*. Pour les Anglais, *butcher's broom*, balai de boucher (pour chasser les mouches).

Tamus, mot latin, Pline dit *tamnus*, le grec θαμνος, arbrisseau. Le *T. communis* a plusieurs noms vulg.: *sceau N. D.* ou *racine-vierge*, c.-à-d. de la Vierge (comme hôtel-Dieu), et *vigne-vierge, la plante aux femmes battues* ou simplement les *femmes battues*, comme guérissant les contusions, *raisin à la couleuvre, raisin du diable*, d'après les propriétés de ses racines âcres et purgatives. La ressemblance de la bryone avec le taminier explique pourquoi les mêmes noms s'appliquent à tous deux, tels sont *raisin du diable, herbe à la couleuvre* ou *couleuvrée*, et en angl. *black-bryony*, appliqué toutefois uniquement à la bryone.

COLCHICACÉES.

Colchicum est la plante de la Colchide, le pays des poisons et des sorcières; Brébisson cite comme vulg. un nom quelque peu savant, *safran bâtard;* mais les termes *tuechien, chienarde, cul-tout-nu* (de la fleur sans feuilles), *dame-nue* ont plutôt le caractère populaire. Les Anglais disent *meadow-safron*. Quant à safran, c'est l'arabe *zafferan*.

AROIDÉES.

Arum, le grec ἄρον, en fr. gouet. Qu'est-ce que ce mot, dont Littré ne donne pas d'étymologie? Cette plante n'a pas de rapport avec le v. fr. *gouet*, serpette; mais elle peut avoir avec la vouède ou guède des analogies vagues, générales, qui suffisent au peuple, spéc. la couleur jaune commune aux fleurs de ces deux plantes et une feuillaison qui n'est pas très différente. De guède, v. fr. *goade*, it. *guado* à la forme *gouet*, il n'y a pas loin. Beaucoup de noms à cette plante commune et bizarre :

Vachotte, comme tachetée de noir, ainsi que les vaches, spéc. les bretonnes (noir sur blanc), *pied-de-veau* (pourquoi?), *pilon* et *pilette*, de la forme du spadix, *chandelle*, id., *bonhomme, choupoivre*, de l'âcreté de la racine et du spadix, *battant* (de cloche); en angl. *cuckoo pint*, la pinte du coucou, de la forme de bouteille du spathe. Nous avons rencontré *herbe dragonne*, ce mot de dragon s'appliquant à ce qui mord et brûle, comme la gourme des enfants appelée la *dragonnée*.

13

THYPHACÉES.

Typha, mieux Tipha, de τιφος, marais, en fr. masse d'eau et massette, litt. petite masse, petite massue, vulg. *roseau de la Passion, queue de renard, pompon, quenouille,* en angl. *reed-mace,* roseau-massue, *cat's tail rush,* jonc queue de chat. Le *rush* anglais dérive de *rauche* appliqué dans l'Avranchin aux joncs et aux laiches.

Sparganium, le grec σπαργανιον, plante dont parle Dioscoride, dim. de σπαργανον, lange, bandelette, d'après les feuilles longues et droites, en fr. rubanier. Le peuple désigne sous le nom de *paves, pavettes* et *paveilles,* toutes ces plantes à larges feuilles ensiformes, qui servaient à *joncher* les pavés des rues et des églises; en fr. rubaniers, massettes, iris et même roseaux. En angl. le *rubanier* est dit le roseau à bourre, *bur-reed,* d'après ses chatons terminaux.

JONCÉES.

Juncus, du l. *jungere,* à cause de ses usages; le *glaucus,* vulg. *jonc des jardiniers;* le mot *bufonius* traduit *jonc des crapauds;* en angl. *rush,* le normand *rauche.* V. Typha.

Luzula, de l'it. *luzuola,* sorte de graminée, dérivé de *lucula,* litt. la petite plante des bois *(lucus).*

CYPÉRACÉES.

Cyperus, le grec κυπειρος, qui désigne un jonc à tige anguleuse, le *souchet,* litt. la plante qui souche, dite aussi *patenôtre,* d'après ses longues racines; à Cherbourg *han,* comme servant à faire des liens pour les céréales qu'on *lie* en faisant *han,* d'où le verbe *enhaner,* étymologie hasardée.

Schœnus, le choin, de χοινος, jonc.

Cladium, de κλαδος, rameau tendre et flexible.

Rhyncospora , de ρυγχος , bec, et de σπορα , semence , à cause du style persistant.

Scirpus, scirpe, vulg. *rauche*, d'où l'angl. *rush*, roseau. Le *S. lacustris* est le *jonc des tonneliers* , parce qu'ils le mettent entre les douves des tonneaux. Le *S. bœothryum* offre le grec 6αιος, fort, et θρυον, jonc.

Eleocharis , formé de deux mots grecs qui signifient la beauté des marais.

Eriophorum , mot grec , litt. porte-coton (ἐριον, duvet), vulg. *linaigrette* (lin à aigrette), *aigrette de lin , aigrette de filasse , jonc-à-coton , chenuette* , de sa blancheur, de sa tête chenue, en angl. *cotton grass.*

Carex , radical latin , en fr. laiche : « il. *lisca*, de l'ancien haut-all. *lisca*, roseau, all. *liesch*. » (Littré), en angl. *sedge.* Quelques espèces sont appelées *herbes sures*, parce qu'elles ont un goût acide. Le *C. glauca* est vulg. *langue de pec* ou de *pic*, c.-à-d. de pivert *(picus viridis).*

GRAMINÉES.
(de *gramen* , gazon.)

Bromus, brôme, de 6ρωμη , nourriture, ou mieux de Βρωμος.

Festuca , rad. latin , fétuque , en angl. *fescue ; myuros,* litt. queue de rat ; *sciuroïdes*, litt. faux écureuil.

Molinia , de Molina , botaniste espagnol ; en norm. *flèche*, de la rigidité de sa tige ; à Avranches, *guinche. Enodium*, litt. sans nœuds.

ARUNDO, roseau, en norm. *ros, rochard, rauche,* en angl. *rush* et *reed*, tous mots issus de l'all. *rhoz; phragmites* est le grec φραγμιτης, propre à la clôture.

PSAMMA, litt. lambeau; *ammophila*, ami du sable de mer.

DACTYLIS, de δακτυλος, doigt, de sa panicule digitée.

KŒLERIA, de Kœler, naturaliste allemand.

POA, de ποα, herbe, gazon, en fr. pâturin, vulg. *herbe à la manne.*

GLYCERIA, de γλυκερος, doux, vulg. *fétuque nageante.*

BRIZA, de βριζω, dormir après avoir mangé, dit Linné, vulg. *langue de femme, amourette, tremblotte;* en angl. *quaking grass*, litt. l'herbe qui tremble.

DANTHONIA, de Danthoine, botaniste français.

AVENA, avoine, en angl. *oats*, de *eat*, manger; l'*A. fatua* est vulg. le *havron*, qui est l'all. *haver*, avoine, resté aussi dans le fr. havre-sac, litt. sac à avoine.

ARRHENATHERUM, de αρρην, mâle, et αθηρ, épi; vulg. *fromental* et *havron;* le *precatorium* est la *patenôtre* et le *chien-dent à chapelet.*

HOLCUS, le grec ὁλκος, corde, courroie. Besnou cite pour les houques le terme vulg. *blanchard.*

CORYNEPHORUS, litt. porte-massue, d'après son arête renflée.

AIRA, du grec αιρα, ivraie, vulg. *canche, herbe sure*

(aigre); Littré ne donne pas d'étym. à *canche;* ne serait-ce pas la contraction de *canescens,* d'après son aspect? Toutefois en berrichon, *canche* veut dire mare : alors ce serait la plante des *canches*. (*Gloss.* Jaubert.)

Airopsis, litt. ce qui a la physionomie de l'*aira.*

Triodia, litt. à trois dents, de sa glumelle tridentée.

Leersia, de Leers, botaniste allemand.

Agrostis, du grec ἀγρωστίς, chiendent, en angl. *bent grass,* le gramen penché; *spicaventi* représente sa mobilité; *eragrostis,* litt. l'agrostis du printemps.

Milium, du l. *mille,* à cause du grand nombre de ses graines, en fr. mil et millet.

Gastridium, de γαστρίδιον, petit ventre, les glumes sont ventrues.

Calamagrostis, litt. agrostis-chaume; *epigeos,* litt. sur la terre; le *C. arenaria* est le roseau des sables, en norm. *millegreu ,* litt. de mi-grève, du milieu des grèves; *haudune,* litt. qui vient sur le haut des dunes; vulg. *duvet.*

Stipa, de στιϐας, matelas, d'après ses arêtes plumeuses.

Cynodon, litt. dent de chien, de la ressemblance de sa racine avec le chiendent et celui-ci de la ressemblance de ses racines avec les dents du jeune chien.

Digitaria , de ses épis digités ; *paspalum,* du grec πασπάλη, grain de millet.

Polypogon, litt. barbe abondante (πογων, barbe).

Lagurus, litt. en grec, queue de lièvre.

Panicum, de *panis*, comme servant à faire du pain ; une espèce est le *pied de coq*.

Phalaris, de φαλαρις, espèce de plante, de φαλος, cimier, à cause de son aigrette, vulg. *ruban* et *rubanier ;* son nom fr. d'alpiste sign. plante des Alpes.

Phleum, de φλεων, fécond.

Alopecurus, litt. queue de renard, en fr. vulpin, du l. *vulpes*, renard, en angl. *fox-tail*, queue de renard.

Anthoxanthum, litt. fleur blonde, en fr. flouve, de ses effluves odorantes, en angl. *sweet scented spring grass*, litt. gramen printanier qui sent bon.

Cynosurus, litt. queue de chien, en angl. *crested dog tail grass*, gramen queue de chien à crête.

Sesleria et Sturmia, noms d'homme. *Rotbollia*, de Rottboll, botaniste allemand.

Trachynotia, litt. oreille rude.

Nardus, le grec ναρδος, arbrisseau aromatique.

Triticum, du l. *tritus*, parce qu'il est battu sur l'aire. Le *T. caninum* et le *repens*, *chiendent*, *coudrine* pour couleuvrine, plante rampante.

Elymus, de ἐλυμος, nom d'un panic.

Spartina, de σπαρτον, genêt, de la raideur de sa tige.

Lepturus , litt. queue mince , à cause de la finesse de son épi.

Lolium, mot latin, en fr. ivraie, litt. qui enivre (*ivrer*, en norm.), en angl. *ray-grass* (*ray*, la syllable forte du mot fr.); le *temulentum* est dit *pain-vin*, comme combinant les deux choses ; on l'appela aussi *brunette*. L'espèce *linicola* se dit à Avranches la *monte-en-quenouille*, comme montant dans les champs de lin, c.-à-d. dans ce qui formera la quenouille. On appelle encore l'ivraie, spéc. le *temulentum*, qui a un chaume rude, *herbe à couteau*, ainsi que certaines graminées et laiches qui coupent.

Secale, de *secare*, couper.

Hordeum, orge, masc. en patois norm., genre resté justement dans orge-perlé, orge-mondé; mot lat. dérivé de *horridus*, hérissé, comme caractérisé par ses barbes ; vulg. *paumelle*, du l. *palmella*, ouvert comme la paume de la main, et aussi *hâtivet*, litt. hâtif. Le *H. murinum* est la *queue de souris*.

FOUGÈRES.

(du l. *filicaria*, *fulgaria*, de *filix*.)

Ceterach, nom arabe, *ketrak*, vulg. *herbe dorée*. Asplenium, mot grec sign. remède contre le vice de la rate ; *grammitis*, du grec γραμμη, parce que les sporanges sont disposés en ligne ; *doradille*, terme tiré de sa couleur dorée.

Pteris, de πτερις, fougère ; la *P. aquilina* est la *fougère à l'aigle*, comme représentant un aigle, dans sa tige coupée, *grande fougère*, en norm. *fougière* ; en angl. *eagle like brake*, c'est-à-dire fougère à figure d'aigle.

BLECHNUM SPICANT, blechne en épi, du grec ϐληχνον, une espèce de fougère. Pourquoi pas *spicans?*

SCOLOPENDRIUM , σκολοπενδριον, scolopendre, « allusion, dit Besnou, aux sores transversales qui imitent les pattes de cet insecte, » vulg. *langue de cerf, langue de bœuf;* en angl. *hart's tongue,* langue de cerf.

ASPLENIUM, de ασπληνον, cétérach, en fr. doradille, de ses spores jaunes, vulg. *grande capillaire* , le peuple dit quelquefois *scapulaire;* en angl. *black maiden hair,* chevelure noire virginale ; *ruta muraria* traduit le mot vulg. *rue des murailles ;* le *trichomanes* est la *capillaire.* Ce terme grec signifie le chevelu ; *adiantum* est le grec αδιαντον, qui pourrait être αδιανθον, litt. la douce plante.

CYSTOPTERIS , de κυστις, vessie, de son indusie vesiculeuse.

ATHYRIUM, de αθυρος, sans porte « allusion , dit Besnou, à ses indusies peu développées, » vulg. *fougère femelle,* en angl. de même, *female fern.*

POLYSTICHUM, litt. aux nombreuses rangées (de spores), vulg. *fougère mâle.*

ASPIDIUM, de ασπιδιον, petit bouclier, allusion à la forme des indusies, *fougère mâle,* en angl. *male fern.*

POLYPODIUM, des nombreux pieds de la racine, *polypode du chêne.*

PHEGOPTERIS. litt. la fougère du hêtre (φηγος); *dryopteris,* celle du chêne (δρυσ).

Hymenophyllum, de ὑμήν, membrane , à cause de la transparence des feuilles, en angl. *filthy fern*, fougère de la boue, des marécages.

Osmunda, d'Osmunder, un des noms de Thor, dieu de la guerre chez les Scandinaves. Son nom d'*osmunda regalis* est devenu en patois *osmondriaque*, en angl. *osmund flowering fern*, fougère fleurie, ce qui est aussi son nom en fr.

Ophioglossum . t. langue de serpent , vulg. *herbe sans couture*, d'après la feuille dont les nervures sont peu apparentes, et aussi *petite serpentaire* et *herbe à daucune*, mot d'étymologie inconnue.

Marsilea, dédiée à Marsigli, savant italien.

Equisetum, litt. queue de cheval ; l'*arvense* est la *queue de rat ;* l'*hyemale* est la *prêle des ébénistes*, et ce nom de prêle est le v. fr. *prael*, du l. *pratellum*, plante des terrains humides ; en angl. *horse-tail*, queue de cheval. L'*hyemale* est dit aussi *asprelle*, de sa rudesse : *telmateia*, litt. marécageux, de τέλμα, marais.

Lycopodium, ou pied de loup, vulg. *aigaire*, litt. plante des *aigues*, v. fr. pour les eaux , en angl. *club moss*, mot qui traduit le fr. *herbe aux massues*. Une fausse orthographe (*égaire*) et la prononciation ont donné lieu à la croyance qu'elle égare, en norm. *égaire*.

Chara, charagne, mot que Besnou tire de charogne, à cause de la fétidité de la plante, mais l'on tire aussi *chara* du grec χαρά, joie, sans beaucoup de rapport. Le *chara hispida*, vulg. *herbe à écurer*.

14

NITTELLA, du l. *nitere*, de sa transparence.

PILULARIA, du l. *pilula*, boulette, de sa fructification globuleuse

FRITILLARIA, du l. *fritilla*, bouillie pour les sacrifices d'après la fossette nectarifère du périanthe. La *F. meleagris* offre un nom mythologique traduit en fr. par pintade, mot esp. tiré de *pintar*, peindre, tacheter.

STICHA PULMONARIA est le lichen du chêne, vulg. *poumonaire* et *herbe du cœur*.

P. S. La terminaison de ce glossaire coïncide avec nos recherches sur les arbres porte-gui : nous en consignons ici le résultat pour engager les observateurs à le compléter. Le gui a été trouvé :

Sur un chêne à Isigny-Pain-d'Aveine ; sur un orme à Pontaubault, ferme de la Chattière ; sur un rosier à la Godefroy, parc du Plessis ; sur un houx à la Gohannière, ferme de la Normandière; sur un tremble à Mesnil-Thébault, signalé par M. Ch. Guérin ; sur l'épine blanche, passim ; sur l'érable aux Chambres, à la Baudonière ; sur le pêcher au Ragotin, à Avranches ; sur le néflier à Tirepied et à la Basse-Guette, au Val-St-Père ; sur le coudrier à St-Martin-des-Champs ; sur le saule au Val-Saint-Père, village de Bouillé ; sur le sorbier des oiseaux, à Marcey, bois de Marcey; sur le coignassier du Japon, trouvé par M. Sosthène Mauduit, à la Semondière, près Brécey. M. Guérin, de Mesnil-Thébault, est absolument certain de l'avoir vu sur l'épicea ou mieux le picea. M. Claveau nous l'indique sur le tuliplier (*liriodendron*) au Val-d'Oir, en Saint-Quentin.

Nous avons omis l'étymologie de Souci, la fleur bien connue. Ceux qui y chercheraient de la poésie, la philologie les ramènerait à la prose : c'est le *solsequium*, litt. qui suit le soleil, comme le tournesol, auquel ressemble le souci, puis c'est le vieux français *soulsique* et *sousicle*, enfin le français souci, naguère, bien mieux, *soulcy*. Une dernière remarque philologique : c'est l'étymologie de prêle, un mot qui offre la séparation de l'article : sa forme première a été l'*asprêle*, du lat. *asperella* dim. d'*asper* ; un procédé analogue a donné la *pouille* pour l'*Apouille* ou l'Apulie. Ainsi le peuple dit la *biringue* pour labyrinthe, spéc. pour désigner les entrailles et leurs sinuosités.

FIN.

COUTANCES. — IMP. DE SALETTES, LIBRAIRE-ÉDITEUR.